·高等学校计算机基础教育教材精选·

Visual Basic
程序设计实验教程

冯烟利　主编
葛诗煜　副主编

清华大学出版社
北京

内 容 简 介

本书是为了配合《Visual Basic 程序设计教程》一书编写的实验教程。全书分为两部分：第一部分针对《Visual Basic 程序设计教程》中的各章，编写了相应的实验项目及习题；第二部分是全国计算机等级考试二级 Visual Basic 的考试真题解析，列举 2010 年 3 月与 2009 年 9 月两套试卷，并对每道试题进行了解答和分析。

本书注重基础，深入浅出，精选实验案例，是学习 Visual Basic 程序设计十分有用的一本实验教程，适合高等学校学生使用，也可供自学者参考。

图书在版编目（CIP）数据

Visual Basic 程序设计实验教程/冯烟利主编 . —北京：清华大学出版社，2011.3
（高等学校计算机基础教育教材精选）
ISBN 978-7-302-24707-4

Ⅰ. ①V… Ⅱ. ①冯… Ⅲ. ①BASIC 语言－程序设计－高等学校－教材　Ⅳ. ①TP312

中国版本图书馆 CIP 数据核字（2011）第 015032 号

责任编辑：白立军　赵晓宁
责任校对：焦丽丽
责任印制：张雪娇

出版发行：清华大学出版社		地　　址：北京清华大学学研大厦 A 座	
http://www.tup.com.cn		邮　　编：100084	
社　总　机：010-62770175		邮　　购：010-62786544	
投稿与读者服务：010-62776969，c-service@tup.tsinghua.edu.cn			
质　量　反　馈：010-62772015，zhiliang@tup.tsinghua.edu.cn			

印　装　者：北京鑫海金澳胶印有限公司
经　　销：全国新华书店
开　　本：185×260　印　张：13.75　字　数：312 千字
版　　次：2011 年 3 月第 1 版　印　次：2011 年 12 月第 2 次印刷
印　　数：4501～8500
定　　价：26.00 元

产品编号：039325-01

前言

程序设计课程是实践性很强的课程,基础知识的掌握与编程能力的培养在很大程度上依赖于学生上机的实践。通过上机编写、调试程序,可以加深对编程环境、语法和基本算法的理解与掌握。在学习基础知识的同时,多进行编程实验是掌握 Visual Basic 语言的有效途径,而实验项目的选择,实验环节的设计是非常重要的。秉承"面向基础,深入浅出,精选案例,任务驱动"的宗旨,我们编写了此实验教程。

本书是为了配合清华大学出版社出版的《Visual Basic 程序设计教程》(冯烟利主编)一书的学习而编写的实验教程,可与《Visual Basic 程序设计教程》配套使用。

全书共分 11 章,分为两部分,内容如下:

第一部分是第 1～10 章,针对《Visual Basic 程序设计教程》中的各章,编写了相应的实验项目及习题。每一章由"预备知识"、"本章实验"、"本章习题"三部分组成。"预备知识"部分对相应章节知识进行总结;"本章实验"精选本章有代表性的实验项目,每个实验项目先展示"示例实验"的完成过程,然后再布置类似的"实验作业",让学生做起实验来有的放矢,有章可循;"本章习题"部分通过客观题复习本章的基础知识。部分重要章节还设计了"拓展实验",对本章知识点进行综合。

第二部分是第 11 章,是全国计算机等级考试二级 Visual Basic 的考试真题解析,列举出 2010 年 3 月与 2009 年 9 月两套试卷,并对每道试题进行了解答和分析。

本书的第 1～第 4 章由冯烟利、杜玫芳编写,第 5 和第 7 章由王丽娜编写,第 6 和第 8 章由赵燕丽编写,第 9～第 11 章由葛诗煜编写。全书由冯烟利、葛诗煜统稿。

限于编者的水平,另外编写的时间也比较仓促,本书在内容和文字方面可能存在一些问题,恳请使用者批评指正,以使本书在再次修订时得到完善和提高。

编　者
2010 年 11 月

目录

第 1 章 Visual Basic 程序设计概述

1.1 预 备 知 识

1.1.1 面向过程的程序设计与面向对象的程序设计

每当提起程序,一般人们脑海里马上浮现出一行行的字符代码,抽象、深奥。这是典型的面向过程的程序设计语言(例如 C、Basic 等),这类语言是按流程化的思想来组织的,其编程的主要思路专注于算法的实现,主要强调的是把一个工程或者事件的实现分为很多步骤,然后按照步骤来逐步完成。

面向对象程序设计是一种新兴的程序设计方法,或者称为一种新的程序设计规范。它使用对象、类、继承、封装等基本概念进行程序的设计。面向对象的程序设计思想是将数据以及对于这些数据的操作封装在了一个单独的数据结构中,这种模式更近似于现实世界。

确切地讲,Visual Basic 是一种基于对象的程序设计语言,程序的核心由对象以及响应各种事件的代码组成。其简单易学、使用方便,使用户可以很方便地设计出具有 Windows 风格图形界面的应用软件。

1.1.2 Visual Basic 的集成开发环境

Visual Basic 集成开发环境(IDE)是提供设计、运行和测试应用程序所需的各种工具的一个工作环境,其界面如图 1.1 所示。

对于初学者,首先需要掌握如下内容。

1. Visual Basic 的三种工作模式

可以通过工具栏上的三个按钮 ▶、Ⅱ、■ 转换。

1) 设计模式

是集成开发环境下的基本模式,在这种模式下既能修改界面又能修改代码。

在设计模式下只有 ▶ 按钮(启动)可以使用。

2) 运行模式

程序的运行阶段。在这种模式下既不能修改界面也不能修改代码。

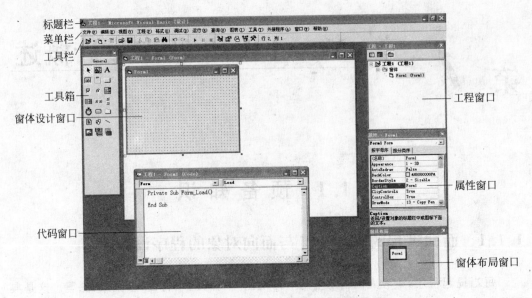

标题栏
菜单栏
工具栏
工具箱
窗体设计窗口
工程窗口
属性窗口
代码窗口
窗体布局窗口

图 1.1　Visual Basic 6.0 的集成开发环境界面

程序设计完成后,单击 ▶ 按钮可以进入运行模式。在运行模式下,工具栏的 ▶ 按钮不可使用,单击 ‖ 按钮可以进入中断模式,单击 ■ 按钮可以回到设计模式。

3) 中断模式

应用程序的运行暂时中断,在这种模式下能修改代码,但不能修改界面。

在运行模式下当程序出现错误或者单击按钮都可进入中断模式。按 F5 键或单击 ▶ 按钮,可以继续运行程序;单击 ■ 按钮,停止程序的运行。

2. 窗体设计窗口

窗体设计窗口是用于设计应用程序界面的窗口,也是 Visual Basic 中最重要的一个窗口。一个应用程序可以有多个窗体,通过选择"工程"→"添加窗体"命令添加新窗体。

新建工程默认的窗体名称为 Form1。窗体设计窗口如图 1.2 所示。

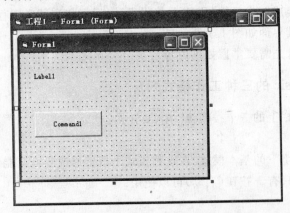

图 1.2　Visual Basic 6.0 的窗体设计窗口

3. 工程资源管理器窗口

工程资源管理器窗口简称工程窗口，在该窗口中，可以看到装入的工程以及工程中的项目，如图 1.3 所示。

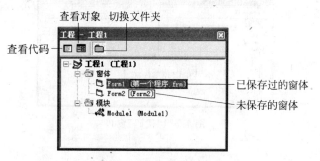

图 1.3 工程资源管理器窗口

工程文件的扩展名是 vbp，工程文件名显示在工程窗口的标题栏内。Visual Basic 6.0 用层次化方式显示各类文件，工程中主要包含三类文件：

（1）窗体文件（.frm）。一个应用程序至少包含一个窗体文件，也可以包含多个窗体。

（2）标准模块文件（.bas）。所有模块级变量和用户自定义的通用过程都可产生这样的文件。

（3）类模块文件（.cls）。可以用类模块建立用户自己的对象。类模块包含用户对象的属性及方法，但不包含事件代码。

4. 属性窗口

Visual Basic 6.0 中，每个对象的属性可以通过属性窗口中的属性项改变或设置，也可以在程序代码中进行设置。属性窗口如图 1.4 所示。

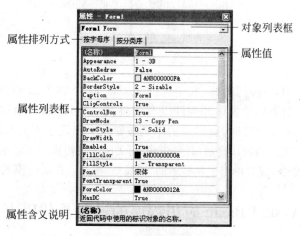

图 1.4 "属性"窗口

5. 代码编辑窗口

当在窗体设计窗口选择窗体或对象双击鼠标,就可以打开代码窗口,如图1.5所示。

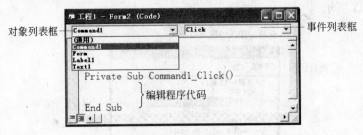

图1.5 "代码"窗口

6. 工具箱

工具箱提供了一组工具,用于用户界面的设计。Visual Basic 6.0工具箱中的控件及其名称如图1.6所示。

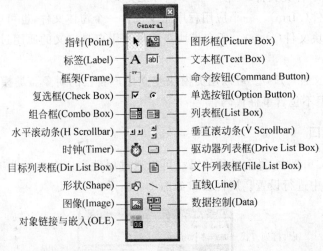

图1.6 "工具箱"窗口

工具箱显示有21个按钮图标,其中包括Visual Basic的20个标准控件和1个指针图标(指针不是控件,用于移动窗体和控件以及调整其大小)。每当通过"工程"→"部件"命令增加其他的ActiveX控件时,新增加的工具按钮就会出现在工具箱的下方。

在设计模式下,工具箱默认显示,若要隐藏,可关闭工具箱窗口。若要再次显示,可以通过"视图"→"工具箱"命令,或者单击工具栏上的"工具箱"按钮。在运行模式下,工具箱不可见。

1.1.3 创建Visual Basic应用程序的过程及代码书写格式

1. 创建过程

(1) 创建应用程序界面。

（2）设置界面上各个对象的属性。

（3）编写对象相应的程序代码。

（4）保存工程。

（5）运行和调试程序。

（6）生成可执行程序。

2. 代码书写格式

当需要在某一事件中书写代码时，基本格式是：

对象名.属性名=具体的属性值

当调用方法时，代码的书写格式：

对象名.方法

1.1.4 初学者常见错误和分析

1. 标点符号错误

在 Visual Basic 中只允许使用西文标点，任何中文标点符号在程序编译时会产生"无效字符"错误，并在错误行以红色字显示。

2. 字母和数字形状相似

L 的小写字母 l 和数字 1 形式几乎相同、O 的小写字母 o 与数字 0 也难以区分，这在输入代码时要十分注意，避免单独作为变量名使用。

3. 对象名称（Name）属性写错

在窗体上创建的每个控件都有默认的名称，用于在程序中唯一地标识该控件对象。系统为每个创建的对象提供了默认的对象名，例如 Text1、Text2、Command1 和 Label1等。用户可以将属性窗口的（名称）属性改为自己所指定的可读性好的名称，如 txtInput、txtOutput 和 cmdOk 等。对初学者，由于程序较简单、控件对象使用较少，还是用默认的控件名较方便，不建议更改对象的名称属性（Name）。当程序中的对象名写错时，系统显示"要求对象"的信息，并对出错的语句以黄色背景显示。用户可以在代码窗口的"对象列表"框检查该窗体使用的对象。

4. Name 属性和 Caption 属性混淆

Name 属性的值用于在程序中唯一地标识该控件对象，在窗体上不可见；而 Caption属性的值是在窗体上显示的内容。

5. 对象的属性名、方法名写错

当程序中对象的属性名、方法名写错时，Visual Basic 系统会显示"方法或数据成员未找到"的信息。在编写程序代码时,尽量使用自动列出成员功能,即当用户在输入控件对象名和句点后,系统自动列出该控件对象在运行模式下可用的属性和方法,用户按空格键或双击鼠标即可,这样既可减少输入,也可防止此类错误出现。

6. 语句书写位置错

在 Visual Basic 中,除了在"通用声明"段利用 Dim 等对变量声明语句外,其他任何语句都应在事件过程中,否则运行时会显示"无效外部过程"的信息。若要对模块级变量进行初始化工作,则一般放在 Form Load()事件过程中。

7. 无意形成控件数组

若要在窗体上创建多个命令按钮,有些用户会先创建一个命令按钮控件,然后利用该控件进行复制、粘贴,这时系统显示"已经有一个控件为"Command1"。创建一个控件数组吗?"的信息,若单击"是"按钮,则系统创建了名称为 Command1 的控件数组。本书中暂不涉及控件数组的操作,所以需要添加多个同种控件时,要逐个添加。

8. 打开工程时找不到对应的文件

一般,一个再简单的应用程序也应由一个工程.vbp 文件和一个窗体.frm 文件组成。工程文件记录该工程内的所有文件(窗体.frm 文件、标准模块.bas 文件、类模块.cls 文件等)的名称和所存放在磁盘上的路径。

若在上机结束后,把文件复制到可移动磁盘上保存,但又少复制了某个文件,下次打开工程时就会显示"文件未找到"。也有在 Visual Basic 环境外,利用 Windows 资源管理器或 DOS 命令将窗体文件等改名,而工程文件内记录的还是原来的文件名,这样也会造成打开工程时显示"文件未找到"。

解决此问题的方法:一是修改.vbp 工程文件中的有关文件名;二是通过"工程"→"添加窗体"→"现存"命令,将改名后的窗体加入工程。

1.2 本章实验

1.2.1 实验1 第一个 VB 程序

1. 示例实验

【实验目的】

(1) 熟悉 Visual Basic 的集成开发环境。

(2) 掌握 Visual Basic 开发程序的一般步骤。

(3) 掌握文本框和按钮等控件的基本操作方法。

【实验内容】

（1）打开 Visual Basic，熟悉各窗口界面，然后依次关闭窗体窗口、工具箱、工程窗口、属性窗口、布局窗口，再次打开上述窗口。

（2）建立图 1.7 所示程序，要求：

窗体的标题为"第一个 VB 程序"，文本框内容是"欢迎学习 VB!"。

窗体运行时，单击"隐藏"按钮，则文本框消失；单击"显示"按钮，则文本框出现；单击"退出"按钮，则结束程序的运行。其界面如图 1.7 所示。

（3）保存窗体和工程，名称分别为"第一个程序.frm"和"第一个程序.vbp"。

图 1.7 "第一个 VB 程序"运行界面

【实验分析】

Visual Basic 的集成开发环境是一个多窗口界面，在实际开发过程中，经常关闭某些窗口或改变窗口的位置，这时就需要掌握再次打开这些窗口的方法。打开方法有多种，对于初学者应该一一尝试。

本实验主要是练习 Visual Basic 的界面设计及控件的主要属性和事件操作，通过本实验掌握开发 Visual Basic 应用程序的一般流程，即新建程序→添加控件→设置属性→编写代码→保存运行，并真正理解 Visual Basic 集成式开发环境的含义。

【实验步骤】

（1）通过"开始"菜单打开 Visual Basic，然后把主窗口中的各子窗口关闭，可以通过两种方法再次打开这些窗口：一是通过"视图"菜单；二是通过工具栏上的各个按钮。注意：窗体设计窗口在"视图"菜单中称为"对象窗口"，还可以在"工程资源管理器窗口"中双击窗体图标打开。

（2）通过 Visual Basic 窗口左侧的工具箱，在空白窗体上添加控件：一个文本框（text），三个命令按钮（command）。

（3）为控件设置初始属性，如表 1-1 所示。

表 1-1 "第一个 VB 程序"的属性设置

对　象	属性名称	属性值
Form1	Caption	第一个 VB 程序
Text1	Text	欢迎学习 VB!
	FonTsize	14
	FontName	隶书
Command1	Caption	隐藏
Command2	Caption	显示
Command3	Caption	退出

注意：上述属性一般在"属性"窗口直接设置即可。也可以写在窗体 Form1 的 Load 事件中，例如：

```
Form1.Caption="第一个 VB 程序"
Text1.Text="欢迎学习 VB！"
Text1.FontName="隶书"
    ⋮
```

上述两种设置方法是有区别的，在"属性"窗口设置的属性在"窗体"窗口可直接看到效果，而通过窗体的 Load 事件设置的属性需要运行程序后才可以看到，因为 Load 事件表示窗体的加载事件，即窗体加载到内存时触发，一般用于进行各种属性或变量的初始化设置。

（4）代码设计。

双击窗体会弹出"代码"窗口，依次选择好"对象"和"事件"，即可在出现的框架中书写代码。

```
Private Sub Command1_Click()
    Text1.Visible=False
End Sub

Private Sub Command2_Click()
    Text1.Visible=True
End Sub

Private Sub Command3_Click()
    End
End Sub
```

（5）保存并运行。

通过"文件"→"保存 Form1"命令把该窗体保存在磁盘上，命名为"第一个程序.frm"；然后再选择"文件"→"保存工程"命令，把该工程命名为"第一个程序.vbp"。然后单击工具栏上的 ▶ 按钮或者选择"运行"→"启动"命令，即可运行该程序，查看效果。

2. 实验作业

（1）创建图 1.8 所示"文字效果"窗体。

要求：

① 窗体上有一标签，内容为"有点入门了！"，窗体名称和各按钮上的文字如图 1.8 所示。

② 当单击"放大"按钮时，标签文字字号增加 2 磅；反之，当单击"缩小"按钮时，标签文字字号减少 2 磅。

③ 当单击"前景红"按钮时，标签文字呈现红色；

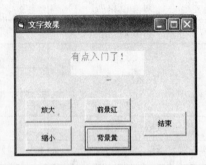

图 1.8 "文字效果"窗体

当单击"背景黄"按钮时,标签文字背景为黄色。

④ 单击"结束"按钮,则结束程序的运行。

提示:

① 字号的改变要求每单击一下改变一次,即每次单击都能出现"放大"或"缩小"的效果。

② "前景色"和"背景色"的设置分别通过 ForeColor 属性和 BackColor 属性,具体的颜色表示需要用到 RGB 函数。

附:RGB 函数的使用。

语法:

```
RGB(red,green,blue)
```

参数:red、green、blue 的取值范围为 0~255,分别表示红色、绿色和蓝色的成分。

说明:RGB 函数可以产生 $256 \times 256 \times 256$ 种不同的颜色。任何需要得到颜色的属性都可以通过 RGB 函数设置。

表 1-2 显示一些常见的标准颜色,以及这些颜色的红、绿、蓝三原色的成分。

表 1-2　各种常见色的 RGB 函数参数值

颜色	红色值	绿色值	蓝色值	颜色	红色值	绿色值	蓝色值
黑色	0	0	0	紫色	255	0	255
蓝色	0	0	255	黄色	255	255	0
绿色	0	255	0	白色	255	255	255
红色	255	0	0				

(2)编写一个简单加法计算器的程序,如图 1.9 所示。

要求:

① 窗体初始运行时,三个文本框的内容为空。

② 在前两个文本框输入数值,单击"计算"按钮,能在第三个框中显示出结果。

③ 单击"清空"按钮,清空三个框的内容。

④ 单击"结束"按钮,退出程序的运行状态。

提示:val 函数用于将字符型数据转换为数值型数据,便于进行数值运算。

(3)创建一个"移动足球"窗体,界面如图 1.10 所示。

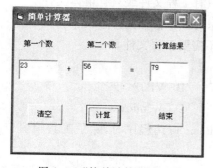

图 1.9 "简单计算器"窗体

图 1.10 "移动足球"窗体界面

要求：

① 将窗体背景设置为白色，在窗体上添加一图像框（Image），用来显示"足球.jpg"图片。

② 运行窗体后，在文本框中输入一数值，单击表示移动方向的某按钮，使图片能按照按钮上指示方向移动文本框中数值所指定的距离（单位为缇）。

提示：

① 图像框 Image1 显示的图形通过 Picture 属性设置。

② 按钮上的↑、↓、←、→符号通过软键盘输入。

③ 图片的位置改变，即距离上边的距离和左边的距离在变化，通过 Top 属性和 Left 属性设置。注意，控件没有 Below 和 Right 属性。

1.3 本 章 习 题

1. 单选题

(1) 将一个 Visual Basic 程序保存在磁盘上，至少会产生的文件是（　　）。

  A. .doc 和.txt   B. .com 和.exe   C. .vbp 和.frm   D. .bat 和.sys

(2) 在 Visual Basic 中要设置某个对象的属性时，应进入（　　）。

  A. 设计模式   B. 运行模式   C. 中断模式   D. 任意模式

(3) 在 Visual Basic 中，窗体模块文件的扩展名是（　　）。

  A. frm   B. bas   C. vbp   D. txt

(4) 在 Visual Basic 中，工程文件的扩展名是（　　）。

  A. .frm   B. .bas   C. .vbp   D. .frx

(5) 当需要上下文帮助时，选择要帮助的难题，然后按（　　）键，就可以出现 MSDN 窗口及所需帮助信息。

  A. Help   B. F10   C. Esc   D. F1

(6) 以下说法正确的是（　　）。

  A. 当用户建立一个应用程序后，至少包含一个工程文件和一个窗体文件

  B. 当用户建立一个应用程序后，可以只有工程文件或只有窗体文件

  C. 当用户建立一个应用程序后，至多只有一个窗体文件

  D. 当用户建立一个应用程序后，可以不需要工程文件

(7) 保存新建的工程时，默认的路径是（　　）。

  A. My Documents   B. VB98

  C. \   D. Windows

(8) 在 Visual Basic 集成环境创建 Visual Basic 应用程序时，除了工具箱窗口、窗体窗口、属性窗口外，必不可少的窗口是（　　）。

  A. 布局窗口   B. 立即窗口   C. 代码窗口   D. 监视窗口

(9) 以下叙述错误的是(　　)。

    A. Visual Basic 是事件驱动型可视化编程工具

    B. Visual Basic 应用程序不具有明显的开始和结束语句

    C. Visual Basic 工具箱中的所有控件都具有宽度(Width)和高度(Height)属性

    D. Visual Basic 中控件的某些属性只能在运行时设置

(10) 窗体设计器用来设计(　　)。

A. 应用程序代码	B. 应用程序界面
C. 对象的属性	D. 对象的事件

2. 填空题

(1) 进入 Visual Basic 集成环境,发现没有显示"工具箱",应选择＿＿＿＿菜单的＿＿＿＿选项,使"工具箱"窗口显示。

(2) 在工程中要编辑代码,必须在＿＿＿＿窗口;要设计程序的运行界面,必须在＿＿＿＿窗口。

(3) Visual Basic 是一种面向＿＿＿＿的程序设计语言,采用了＿＿＿＿编程机制。

(4) Visual Basic 的应用程序称为一个＿＿＿＿,它包含各类文件。

(5) 当程序在运行过程中因某种原因中断时,Visual Basic 进入＿＿＿＿模式。

第 **2** 章 **Visual Basic 快速入门**

2.1 预 备 知 识

2.1.1 类和对象

类是面向对象可视化编程中最基本的概念之一,它是具有共同抽象的对象的集合。类定义了一个抽象模型,而程序设计却是对实际对象的操作。

类实例化后就称为对象。对象是运行时的基本实体,既包括数据(属性),也包括作用于对象的操作(方法)和对象的响应(事件)。

严格地讲,Visual Basic 工具箱中的各种控件并不是对象,而是代表了各个不同的类,通过将类实例化,即把某种控件添加到窗体上时,就将类转换为一个具体的控件对象。

2.1.2 对象的三要素——属性、事件、方法

属性(Property):Visual Basic 中的每个对象都有一组特征,这组特征称为属性,不同的对象有不同的属性。常见的属性有标题(Caption)、名称(Name)、背景颜色(Backcolor)、字体(Font)、是否有效(Enabled)、是否可见(Visible)等。

一般为属性赋值的语句格式为:

对象名.属性名=具体的属性值。

事件(Event):就是对象上所发生的事情。在 Visual Basic 中,事件是预先定义好的、能够被对象识别的动作,如单击(Click)事件、双击(DblClick)事件、装载(Load)事件等,不同的对象能够识别不同的事件。

方法(Method):由系统定制,决定了对象可以执行的动作。Visual Basic 中的方法跟事件过程类似,它可能是函数,也可能是过程,用于完成某种特定功能而不能响应某个事件。如显示窗体(Show)方法、移动(Move)方法等。

方法的引用与属性有点相似,格式为:

对象名.方法名[参数]。

2.1.3 窗体

窗体是用于用户与程序进行交互的界面,通常其形态为一个窗口。窗体这种对象的常用属性、方法和事件如表 2-1 所示。

表 2-1　窗体的属性、方法和事件

窗体的三要素	名　称	取　值	含　义
属性	Name	字符串	窗体的对象名
	Caption	字符串	用于设置窗体的标题
	Left/Top	数值	表示窗体到屏幕左边和顶部的距离
	Height/Width	数值	表示窗体的高度和宽度
	Picture	字符串	窗体的背景图片
	MaxButton/MinButton	True 或 False	窗体是否有最大化按钮和最小化按钮
	BorderStyle	0-5	设置窗体边框形式,默认值为 2
	WindowState	0,1,2	设置窗体启动时的状态
	Backcolor	RGB 函数值	窗体的背景颜色
	AutoRedraw	True 或 False	窗体的自动重绘是否有效
事件	Click		单击窗体时发生
	Dblclick		双击窗体时发生
	Load		在窗体进行初始化时产生
	Unload		在窗体退出时产生
方法	Print		用来在窗体上输出数据和文本
	Cls		用来清除窗体上在运行时用 Print 方法显示的文本或用绘图方法所产生的图形
	Move		使窗体移动,还可以改变窗体的大小
	Show		用于在屏幕上显示窗体
	Hide		使窗体从屏幕上隐藏,但内存中依然存在

2.1.4　常用控件——命令按钮、标签、文本框

1. 命令按钮

命令按钮是窗体上较常用的对象。主要用于接收单击事件,在此事件的响应中,可以输入代码完成特定的功能。命令按钮的常用属性和事件如表 2-2 所示。

表 2-2　命令按钮的属性和事件

	名　　称	取　　值	含　　义
属性	Name	字符串	对象名,默认第一个为 Command1
	Caption	字符串	用于设置命令按钮上的文本
	Enabled	True 或 False	命令按钮是否可用
	Default(默认属性)	True 或 False	命令按钮是否等同于按 Enter 键的功能
	Sytle	Standard 或 Graphical	设置按钮样式,只有取值为 Graphical 时才允许按钮上显示图形
	Picture	字符串	设置按钮上显示的图形
	Visible	True 或 False	设置在运行时命令按钮是否可见
事件	Click		单击命令按钮时发生

2. 标签

标签是用来显示文本的控件,经常用于在窗体上表示提示语,运行时标签中的内容不能被编辑。标签的常用属性和事件如表 2-3 所示。

表 2-3　标签的属性和事件

	名　　称	取　　值	含　　义
属性	Name	字符串	对象名,默认第一个为 Label1
	Caption(默认属性)	字符串	用于设置标签内容
	Enabled	True 或 False	标签是否可用,即能否接收鼠标事件
	Alignment	0,1,2	标签中文本的对齐方式,默认为 0(左对齐)
	BackStyle	0,1	设置标签是否透明,默认为 1(不透明)
	BorderStyle	0,1	设置标签的边框,其默认值为 0(无边框)
	AutoSize	True 或 False	设置标签是否可以自动调整大小
	FontName	字符串	设置标签中文本的字体
	FontSize	数值	设置标签中文本的字号
	Backcolor	RGB 函数值	标签的背景颜色
	ForeColor	RGB 函数值	标签的前景色,即字体颜色
事件	Click		单击标签时发生
	Dblclick		双击标签时发生

3. 文本框

文本框是一个文本编辑区域,既可以用来输入文本,也可以用来显示文本。文本框的常用属性、方法和事件如表 2-4 所示。

表 2-4 文本框的属性、方法和事件

窗体的三要素	名 称	取 值	含 义
属性	Name	字符串	文本框的对象名,默认第一个为 Text1
	Text(默认属性)	字符串	用于设置文本框的内容
	MaxLength	数值	设置文本框中的最大字符数。默认为 0(任意多)
	MultiLine	True 或 False	设置文本框是单行显示还是多行显示
	ScrollBar	0,1,2 或 3	设置文本框是否具有滚动条。只有当 MultiLine 属性为 True 时,文本框才能有滚动条
	PasswordChar	一个字符	用来设置文本框的替代符,通常用于密码显示
	SelStart	数值	文本框选定文本开始的位置
	SelLength	数值	选定的文本长度
	SelText	字符串	选定的文本内容
事件	Change		在向文本框输入新的信息或者从程序中改变 Text 属性时发生
	KeyPress		当按下并释放键盘上的键时触发,此事件返回一个 KeyAscii 参数
	LostFocus		文本框失去输入焦点时触发
	GotFocus		文本框得到输入焦点时触发
方法	SetFocus		使某个文本框得到焦点

2.1.5 程序的调试

1. 错误类型

Visual Basic 程序错误可分为三种:编译错误、逻辑错误和运行时错误。

1) 编译错误

编译错误是由于违反 Visual Basic 的语法而产生的错误,也叫语法错误。在输入程序代码时,每输入一行代码并按 Enter 键后,Visual Basic 都会自动对该行进行语法检查,系统自动检测出错误,将错误加亮,并显示出错对话框。

2) 运行时错误

运行时错误是指程序在运行时,由不可预料的原因导致的错误,如输入非法数据、要读写的文件被意外删除等。

3) 逻辑错误

逻辑错误是程序设计或实现中,由于所编写的代码不能实现预期的功能而产生的错误。程序中的语句是合法的,编译程序不能发现错误,程序也可以被执行,但执行结果却不正确。

逻辑错误通常难于查找,需要对程序的深层次分析,或使用专门的程序测试工具。

2. 调试工具

在中断模式下,可以进行程序调试,查看各个变量及属性的当前值,从而了解程序的执行情况,找出可能的错误。Visual Basic 提供了丰富的调试工具,主要有设置断点、插入观察变量、逐行执行和过程跟踪等手段,然后在各种调试窗口("立即"、"本地"、"监视"窗口)中显示有疑点的信息。

2.2 本 章 实 验

2.2.1 实验 2-1 窗体的基本操作

1. 示例实验

【实验目的】

(1) 进一步理解 Visual Basic 程序设计的步骤,熟悉 Visual Basic 的运行机制。

(2) 掌握窗体的基本操作:属性的设置、事件和方法的使用。

【实验内容】

创建"窗体实例"程序,要求如下:

(1) 运行时,标题栏显示"窗体实例",无最大化和最小化按钮,窗体居于屏幕中央,窗体大小为高度 4095、宽度 4470。

(2) 加载窗体时,在窗体上输出图 2.1 所示内容。

(3) 单击窗体时,窗体显示图片"校园风景",效果如图 2.2 所示。

图 2.1 "窗体实例"界面 1

图 2.2 "窗体实例"界面 2

(4) 双击窗体时,清除窗体背景图片,并且窗体位置和大小改变,距离屏幕左侧 500、上边距离不变、窗体的高度和宽度都变为 2000。

【实验分析】

窗体是 Visual Basic 界面设计中最重要的对象。其常用属性一般都是"见名知义"，初始化时的窗体特征可在属性窗口直接设置。响应的事件有 Load、Click 和 DblClick。窗体上常用的方法有 Print、Cls、Move、Hide 和 Show。

注意：当在 Load 事件中需要添加 Print 方法代码时，如果不做设置是没有效果的，必须事先把窗体的 AutoRedraw 属性设置为 True。

提示：

① 窗体运行时居中显示，可使用"窗体布局"窗口实现（对应 StartUpPosition 属性）。

② 注意 Print 方法中逗号和分号的区别。

③ 用 Picture 属性显示图片时，需要用到加载图片函数 LoadPicture。例如，若要窗体显示 D 盘下的图片"1.jpg"，代码应为 Form1.Picture=LoadPicture("D:\1.jpg")。

④ Move 方法后面的 4 个参数位置不可互换，且只能从右向左缺省。

【实验步骤】

(1) 属性设置如表 2-5 所示。

表 2-5　"窗体实例"的属性设置

属性名称	属性值	属性名称	属性值
Caption	窗体实例	Height	4095
MaxButton	False	Width	4470
MinButton	False	StartUpPosition	2

其中，StartUpPosition 属性不常用，也可通过在"布局"窗口直接拖动实现。

(2) 代码设计。

```
Private Sub Form_Load()
    Form1.Print "左键单击出现校园风景","双击图片撤销"  '逗号表示在下一个打印区显示
    Form1.Print "左键单击出现校园风景";"双击图片撤销"  '分号表示紧挨着显示
End Sub


Private Sub Form_Click()
    Form1.Picture=LoadPicture("E:\素材\校园风景.jpg")' 图片需要完整的路径
End Sub


Private Sub Form_DblClick()
    Form1.Picture=LoadPicture("")            '删除图片
    Form1.Move 500,Form1.Top,3000,3000       'Top 属性不变,但不能省略这个参数
End Sub
```

2. 实验作业

建立如下程序"窗体作业.frm"，要求：

① 窗体标题为"窗体作业"，背景色为白色。

② 窗体一运行即显示图 2.3 所示内容，且文字为红色、幼圆、粗体、小三号。注意：使用 Print 方法实现，不使用标签。而且 Print 后面的参数必须为"张三"、"丰"、"收"、"苹果"。

③ 单击窗体，窗体显示图 2.4 所示的图片。

④ 双击窗体，窗体显示图 2.5 所示的图片。

思考：为什么窗体上显示的文字在依次往下移？如何实现每次显示的文字都从第一行开始？

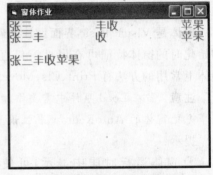

图 2.3 "窗体作业"界面 1

图 2.4 "窗体作业"界面 2

图 2.5 "窗体作业"界面 3

2.2.2 实验 2-2 常用控件的基本操作

1. 示例实验

【实验目的】

（1）掌握各种控件的添加及编辑方法。

（2）掌握标签、命令按钮、文本框控件的属性、方法和事件的设置使用。

【实验内容】

创建"调色板.frm"程序，要求如下：

运行程序时，在三个文本框输入 0～255 之间的数值，然后单击"确定"按钮，会在右侧的标签中出现对应的颜色；单击"清空"按钮，会把三个文本框清空，重新输入。如图 2.6 所示。

说明：命令按钮上需要设置热键及图片。

延伸操作：对文本框进行数据有效性检查，即如果在文本框中输入了非法数值（即＜0 或＞255 的数值），那么弹出警告框，提示用户重新输入一正确数据。如图 2.7 所示。

【实验分析】

标签、文本框和命令按钮是进行界面设计时最常用的控件，掌握它们的属性、事件和方法操作非常重要。

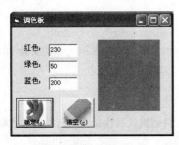

图 2.6 "调色板"界面 1

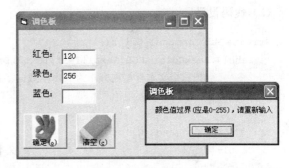

图 2.7 "调色板"界面 2

本例中,以一个标签来表示颜色模板,用到了标签的 BackColor 属性。命令按钮的热键是指运行程序时,不需要单击按钮来激发 Click 事件,只需要按 Alt 键+热键字母即可实现单击一样的效果。按钮上的图片不能单纯设置 Picture 属性,还需要设置 Style 属性为 1—Graphical,才可以显示图片。

文本框的操作相对标签和命令按钮更为复杂。文本框内容是字符型数据,所以在涉及到运算时,一般用 Val 函数来把它转换为数值型数据。本例中的"延伸操作"涉及第 4 章的知识(IF 结构和 Msgbox 函数),在这里不要求做出来,读懂程序即可。

【实验步骤】

(1) 添加控件对象。在窗体上添加 4 个标签 Label,3 个文本框 Text,2 个命令按钮 Command。

(2) 各控件的属性设置如表 2-6 所示。

表 2-6 "调色板"的属性设置

对　　象	属 性 名 称	属 性 值
Form1	Caption	调色板
Label1	Caption	红色:
Label2	Caption	绿色:
Label3	Caption	蓝色:
Label4	Caption	空
Text1 Text2 Text3	Text	空
Command1	Caption	确定(&o)
	Style	1
	Picture	找到磁盘上的图片
Command2	Caption	清空(&c)
	Style	1
	Picture	找到磁盘上的图片

（3）代码设计。

```
Private Sub Command1_Click()
    Label4.BackColor=RGB(Text1.Text,Text2.Text,Text3.Text)
                '把三个文本框的内容作为 RGB 函数的参数。RGB 函数的用法见第 1 章的实验 1.2.1
End Sub

Private Sub Command2_Click()
    Text1=""                                    ' 文本框控件的默认属性是 text,所以可省略
    Text2=""
    Text3=""
End Sub

Private Sub Text1_LostFocus()
    If Val(Text1)<0 Or Val(Text1)>255 Then
        MsgBox "颜色值过界(应是 0-255),请重新输入"          ' 弹出消息框
        Text1=""                                ' 清空 text1 的内容
        Text1.SetFocus                          ' 给 Text1 设置焦点,重新输入
    End If
End Sub

Private Sub Text2_LostFocus()
    If Val(Text2)<0 Or Val(Text2)>255 Then
        MsgBox "颜色值过界(应是 0-255),请重新输入"
        Text2=""
        Text2.SetFocus
    End If
End Sub

Private Sub Text3_LostFocus()
    If Val(Text3)<0 Or Val(Text3)>255 Then
        MsgBox "颜色值过界(应是 0-255),请重新输入"
        Text3=""
        Text3.SetFocus
    End If
End Sub
```

2. 实验作业

创建"文本编辑器.frm"程序,要求如下:

① 窗体界面如图 2.8(a)所示,左侧文本框内容在设计时输入,而非运行时输入。

② 运行时,当单击"隶书 15 磅"按钮,左侧文本框字体格式随之变化,效果如图 2.8(b)
所示。

③ 单击"复制"按钮,会把左侧文本框内选中的文本复制到右侧文本框中,如图 2.8(c)

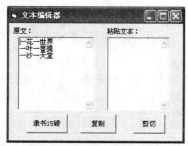

(a) 窗体设计界面

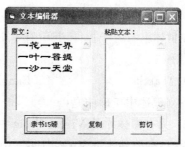

(b) 单击"隶书15磅"按钮后界面

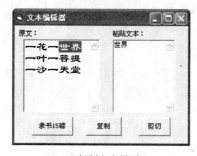

(c) 复制文本界面

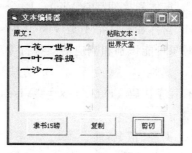

(d) 剪切文本界面

图 2.8 "文本编辑器"运行界面

所示;单击"剪切"按钮,会把左侧文本框内选中的文本移动到右侧文本框中,如图 2.8(d)所示。

注意:无论是复制还是剪切,都把新文本粘贴在 Text2 原有文本的后面。例如本例中,在左侧文本框选中"世界"后复制到右侧文本框中,然后再选中"天堂",单击"剪切"按钮,右侧文本框中的内容就变为"世界天堂"。

2.3　本章习题

1. 单选题

(1) 程序运行后,单击窗体,窗体不会接收到的事件是(　　)。

　　A. MouseDown　　　　B. MouseUp　　　　C. Load　　　　D. Click

(2) 在窗体上添加一个名为 Command1 的命令按钮,然后编写如下代码:

```
Private Sub Command1_Click()
  Move 500,500
End Sub
```

程序运行后,单击命令按钮,执行的操作是(　　)。

A. 命令按钮移动到距离窗体左边界、上边界各 500 的位置

B. 窗体移动到距离屏幕左边界、上边界各 500 的位置

C. 命令按钮向左、上方各移动 500

D. 窗体向左、上方各移动 500

（3）在窗体上有若干控件，其中有一个名为 Text1 的文本框，影响 Text1 的 Tab 键顺序的属性是（　　　）。

    A. TabStop   B. Enabled   C. Visible   D. TabIndex

（4）下列叙述中正确的是（　　　）。

    A. 只有窗体才是 Visual Basic 中的对象

    B. 只有控件才是 Visual Basic 中的对象

    C. 窗体和控件都是 Visual Basic 中的对象

    D. 窗体和控件都不是 Visual Basic 中的对象

（5）对象可能识别和响应的某些行为称为（　　　）。

    A. 属性   B. 方法   C. 继承   D. 事件

（6）有程序代码 Text1.Text＝"Visual Basic"，其中的 Text1、Text 和"Visual Basic"分别代表（　　　）。

    A. 对象、值、属性   B. 对象、方法、属性

    C. 对象、属性、值   D. 属性、对象、值

（7）为了使标签中的内容居中显示，应把 Alignment 属性设置为（　　　）。

    A. 0   B. 1   C. 2   D. 3

（8）要使 Print 方法在 Form_Load 事件中起作用，要对窗体的（　　　）属性进行设置。

    A. BackColor   B. ForeColor   C. AutoRedraw   D. Caption

（9）要使标签控件显示时不覆盖其背景内容，要对（　　　）属性进行设置。

    A. BackColor   B. ForeColor   C. BorderStyle   D. BackStyle

（10）要使命令按钮不可操作，要对（　　　）设置。

    A. Enabled   B. Visible   C. BackColor   D. Caption

（11）文本框没有（　　　）属性。

    A. Enabled   B. Visible   C. BackColor   D. Caption

（12）不论什么控件，共同具有的是（　　　）属性。

    A. Text   B. Name   C. ForeColor   D. Caption

（13）当文本框的内容发生变化时，必须触发（　　　）事件。

    A. LostFocuse   B. KeyPress   C. Change   D. Click

（14）要使窗体在运行时不可以改变窗体的大小和没有最大、最小化按钮，只要对下面（　　　）进行设置。

    A. MaxButton   B. BorderStyle   C. Width   D. MinButton

（15）当运行程序时，系统自动执行启动窗体的（　　　）事件过程。

    A. Load   B. Click   C. Unload   D. GotFocus

（16）当文本框的 ScrollBars 属性设置了非零值，却没有效果，原因是（　　　）。

    A. 文本框中没有内容

    B. 文本框的 MultiLine 属性为 False

C. 文本框的 MultiLine 属性为 True

D. 文本框的 Locked 属性为 True

(17) 要判断在文本框中是否按了 Enter 键,应在文本框的(　　)事件中判断。

  A. Change   B. KeyDown   C. Click   D. KeyPress

(18) 对象的三个要素是(　　)。

  A. 属性 方法 事件   B. 色彩 高度　宽度

  C. 事件 属性 色彩   D. 属性 高度 宽度

(19) 要把光标移到文本框 Text1 上,以便接收输入数据,正确的命令是(　　)。

  A. Text1. LostFocus.   B. Text1. Gotfocus

  C. Text1. Setfocus   D. GotFocus. Text1

(20) 要使一个控件在运行时无效,正确的设置是(　　)。

  A. 把属性 Enabled 设置为 True   B. 把属性 Enabled 设置为 False

  C. 把属性 Visibled 设置为 True   D. 把属性 Visibled 设置为 False

(21) 标签和文本框的有关文本显示的区别是(　　)。

  A. 标签中的文本是可编辑的文本,文本框中的文本是只读文本

  B. 标签中的文本是只读文本,文本框中的文本是可编辑文本

  C. 标签无法显示文本

  D. 文本框和标签显示的文本没有区别

(22) 在 Visual Basic 中,要强制用户对所用的变量进行显式声明,除了使用命令外,还可以在(　　)设置。

  A. "属性"对话框   B. "程序代码"窗口

  C. "选项"对话框   D. 对象浏览器

(23) 以下叙述中正确的是(　　)。

  A. 窗体的 Name 属性指定窗体的名称,用来标识一个窗体

  B. 窗体的 Name 属性的值是显示在窗体标题栏中的文本

  C. 可以在运行期间改变对象的 Name 属性的值

  D. 对象的 Name 属性值可以为空

(24) 若要求从文本框中输入密码时在文本框中只显示 * 号,则应当在此文本框的属性窗口中设置(　　)。

  A. Text 属性值为 *   B. Caption 属性值为 *

  C. password 属性值为空   D. Passwordchar 属性值为 *

(25) 命令按钮 Command1 的 Caption 属性为"退出 x",如果将命令按钮的快捷键设为 Alt＋x,应修改 Caption 属性为(　　)。

  A. 在 x 前插入 &   B. 在 x 后插入 &

  C. 在 x 前插入 ♯   D. 在 x 后插入 ♯

(26) 一个蓝色的皮球被压瘪了,则蓝色、皮球、压、瘪了分别是(　　)。

  A. 属性、对象、方法、事件   B. 对象、属性、方法、事件

  C. 属性、对象、事件、方法   D. 对象、属性、事件、方法

2. 填空题

(1) 窗体是一种对象,由属性定义其外观,由方法定义其行为,由_____定义其与用户的交互。

(2) 为了选择多个控件,可以按住_____或_____键,然后单击每个控件。

(3) 要使用新建工程时,在模块的"通用声明"段自动加入 Option Explicit 语句,应对_____菜单的_____的_____选项卡进行相应的选择。

(4) 刚建立工程时,使窗体上的所有控件具有相同的字体格式,应对_____的_____属性设置。

(5) 在文本框中,通过_____属性能获得当前插入点所在的位置。

(6) Option Explict 语句的作用是_____。

(7) _____是创建对象实例的模板,是同种对象的抽象。

第 **3** 章 **Visual Basic 语言基础**

3.1 预 备 知 识

3.1.1 Visual Basic 的基本数据类型

Visual Basic 的基本数据类型大体可以归纳为 6 类：数值型数据、字符型数据、布尔型数据、日期型数据、对象型数据和变体型数据。表示不同类型的数据可以用关键字或者类型符表示。常用的数据类型及关键字和类型符如表 3-1 所示。

表 3-1 **Visual Basic 的基本数据类型**

数 据 类 型	关 键 字	类 型 符	表 示 形 式
整型	Integer	%	
长整型	Long	&	
单精度浮点型	Single	!	
双精度浮点型	Double	#	
货币型	Currency	@	
字符串型	String	$	用""括起
变体型	Variant	无	
布尔型	Boolean	无	Truc 或 False
日期型	Date	无	用＃＃括起

3.1.2 常量

在程序运行期间，其值不发生变化的就是常量。

Visual Basic 中的常量分为三种：直接常量、符号常量和系统常量。直接常量实际上就是具体的数据，最常用。

符号常量的定义形式是：

Const 符号常量名 [As 类型]=表达式

Visual Basic 提供了大量预定义的常量，称为系统常量，可以在程序中直接使用。这些常量均以小写字母 vb 开头。可以通过"视图"→"对象浏览器"命令，打开"对象浏览器"

对话框查看。

3.1.3　变量

变量是指在程序运行过程中,其值可以发生变化的量。

1. 变量的命名规则

(1) 变量名必须以字母或汉字开头,后跟任意字母、汉字、数字和下划线的组合。

(2) 不能使用 Visual Basic 的关键字作为变量的名字。

(3) 变量名的长度不超过 255 个字符。注意,在 Visual Basic 中,1 个汉字相当于 1 个字符。

(4) 变量名在变量的有效范围内必须是唯一的。

(5) 变量名不区分大小写。

2. 变量的声明

在使用变量前,一般要先声明变量名及其类型,以决定系统为变量分配的存储单元。

(1) 显式声明。

格式如下:

```
Dim 变量名 [AS 数据类型]
```

(2) 隐式声明。

在 Visual Basic 中,也可以不事先使用 Dim 语句声明而直接使用变量,这种方式称为隐式声明。所有隐式声明的变量都是变体型数据类型。

(3) 强制显式声明。

```
Option Explicit
```

3.1.4　运算符与表达式

各种类型的运算符及其含义如表 3-2 所示。

由变量、常量、函数和运算符以及括号按一定规则组成的有意义组合就称为表达式。表达式的书写规则如下:

(1) 乘号 * 既不能省略,也不能用・代替。

(2) 表达式中出现的括号应全部是圆括号,且要逐层配对使用。

(3) 表达式中的所有符号应写在同一行上,必要时加圆括号来改变运算的优先级别。

不同类型的运算符的优先级如下:

算术运算符＞字符运算符＞关系运算符＞逻辑运算符

表 3-2　各种类型的运算符

算术运算符	含义	关系运算符	含义	逻辑运算符	含义
^	乘方	=	等于	Not	取反
—	负号	>	大于	And	与
*	乘	>=	大于等于	Or	或
/	除	<	小于	Xor	异或
\	整除	<=	小于等于		
Mod	求余	<>	不等于	文本运算符	含义
+	加			&	连接字符串
—	减			+	连接字符串

3.1.5　常用内部函数

Visual Basic 的内部函数可以分为以下几类：数学运算函数、字符串函数、日期和时间函数、数据类型转换函数、格式输出函数和随机数语句函数等。

各种常用函数分别如表 3-3～表 3-6 所示。

表 3-3　常用数学函数

函数	功　能	函数	功　能
Abs(n)	返回 n 的绝对值	Round(n)	四舍五入取整
Atn(n)	返回 n 的反正切值	Log(n)	返回 n 的自然对数值
Sin(n)	返回 n 的正弦值	Rnd(n)	返回一个随机数值
Cos(n)	返回 n 的余弦值	Sgn(n)	返回 n 的正负号
Exp(n)	返回 e 的某次方	Sqr(n)	返回 n 的平方根
Fix(n)	返回 n 的整数部分	Tan(n)	返回 n 的正切值
Int(n)	返回小于或等于 n 的最大整数		

表 3-4　常用字符串函数

函　　数	功　能
Left(c,n)	返回字符串左边的 n 个字符
Len(c)	返回字符串的长度
Trim(c)	去掉字符串左边和右边的空格
Mid(c,n1,n2)	返回字符串 c 中第 n1 位开始的 n2 个字符
Right(c,n)	返回字符串右边的 n 个字符
Space(n)	产生 n 个空格的字符串
String(n,c)	返回由 c 中首字符组成的包含 n 个字符的字符串
Replace(c,c1,c2)	返回字符串 c 中用 c2 代替 c1 后的字符串
InStr(c1,c2)	返回字符串 c2 在字符串 c1 中第一次出现的位置,没有找到则返回 0

表 3-5　常用转换函数			表 3-6　常用日期函数	

函数	功　能
Asc(c)	将字符转换成 ASCII 码
Chr(n)	将 ASCII 码值转换成字符
Hex(n)	将十进制数转换成十六进制数
Oct(n)	将十进制数转换成八进制数
Lcase(c)	将字符串 c 转换成小写
Ucase(c)	将字符串 c 转换成大写
Str(n)	将数值转换为字符串
Val(c)	将数字字符串转换为数值

函数	说　明
Time	返回系统时间
Now	返回系统日期和时间
Date	返回系统日期
Day(c|d)	返回参数中的日期(1～31)
Month(c|d)	返回参数中的月份(1～12)
Year(c|d)	返回参数中的年份
WeekDay(c|d)	返回参数中的星期

3.1.6　随机数语句和函数

若要产生[N,M]区间的随机整数,可以使用如下表达式:

```
Int(Rnd * (M-N+1)+N)
```

随机数生成器初始化语句:

```
Randomize
```

3.2　本章实验

3.2.1　实验 3-1　变量和常量

1. 示例实验

【实验目的】

(1) 掌握 Visual Basic 数据类型的基本概念。

(2) 掌握常量、变量的声明规则及使用。

【实验内容】

创建"圆周长和面积"程序,根据输入的圆半径,计算圆的周长和面积,如图 3.1 所示。

要求:

(1) 在第一个文本框内输入半径,按 Enter 键后,在第二、三个文本框内计算出圆周长和圆面积。

(2) 单击"清空"按钮,三个框清空。

(3) 单击"关闭"按钮,程序退出运行状态。

【实验分析】

在设计窗体时,经常会利用控件的内容值进行

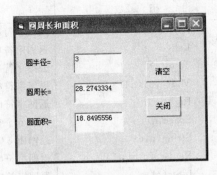

图 3.1　"圆周长和面积"运行界面

计算,在复杂公式中经常引用控件的属性书写起来麻烦,这时通常定义一个变量来代表控件的某属性值,在公式中直接引用该变量即可。

变量使用之前建议先声明,注意变量的类型,可以用类型符或者关键字来表示其类型。

在文本框内每输入一个字符,就触发一次文本框的 KeyPress 事件,该题要求按 Enter 键能够计算出结果,即在文本框的 KeyPress 事件中判断参数 KeyAscii 是否为 13(Enter 键对应的 ASCII 码是 13),如果是 13,则进行计算。

【实验步骤】

(1) 界面设计。在窗体上添加 3 个标签 Label,3 个文本框 Text,2 个命令按钮 Command。

(2) 各控件的属性设置如表 3-7 所示。

表 3-7 "圆周长和面积"的属性设置

对　　象	属 性 名 称	属 性 值
Form1	Caption	圆周长和面积
Label1	Caption	圆半径=
Label2	Caption	圆周长=
Label3	Caption	圆面积=
Text1 Text2 Text3	Text	空
Command1	Caption	清空
Command2	Caption	关闭

(3) 代码设计。

```
Private Sub Text1_KeyPress(KeyAscii As Integer)
    Dim r%                          '声明变量 r 为整型。若想输入小数半径,则应声明为!或#型
    Const pi=3.1415926              '定义符号常量 pi,代表圆周率
    If KeyAscii=13 Then
        r=Text1.Text                '把 text1 的值赋值给 r
        Text2=2 * pi * r            '注意乘号不能省略
        Text3=pi * r^2
    End If
End Sub

Private Sub Command1_Click()
    Text1=""
    Text2=""
    Text3=""
End Sub

Private Sub Command2_Click()
    End
End Sub
```

2. 实验作业

创建"温度转换"程序,如图 3.2 所示,能够实现摄氏温度和华氏温度的相互转换。计算公式为 f＝32＋9c/5 或 c＝5(f−32)/9。

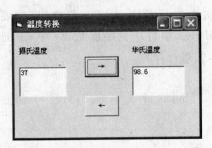

图 3.2 "温度转换"界面

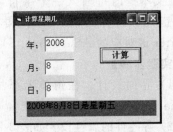

图 3.3 "计算星期几"程序界面

3.2.2 实验 3-2 运算符和表达式

1. 示例实验

【实验目的】

(1) 掌握各种类型运算符的功能。

(2) 熟悉表达式的构成,掌握表达式的求值方法。

(3) 掌握各种运算符的优先级。

【实验内容】

创建"计算星期几"程序,要求分别输入年、月、日,单击"计算"按钮,可以在下方的标签中显示出图 3.3 所示的内容。例如,可以计算一下你出生时是星期几。

提示:计算某一天是星期几的公式为:

$$w=(d+[26(m+1)/10]+y+[y/4]+[c/4]-2c-1)\text{Mod } 7$$

说明:

(1) c 表示年号的前两位,y 表示年号的后两位。

(2) m 表示月份($3 \leqslant m \leqslant 14$,即在公式中,某年的 1、2 月要看作上一年的 13、14 月来计算,也就是说 2012 年 1 月 1 日,输入时要输入 2011 年 13 月 1 日)。

(3) d 表示日期。

(4) 公式中用[]括起来的部分表示对括起来的内容取整数。

(5) 算出来的 W 是几就是星期几,如果是 0,则为星期日。

【实验分析】

当各种运算符在一个表达式中时,要注意运算的优先级。本例题重点练习了算术运算符和文本运算符,需要灵活运用。

对于年份,取出前两位和后两位,分别用到了整除(\)和取余(mod)运算符;取整数部分,可以用整除运算符(\),也可以用下一节介绍的取整函数。

在标签上显示的内容,用到了上面三个文本框的输入值,这时需要用文本运算符＆或者＋把各数据连接起来。

【实验步骤】

(1) 界面设计。在窗体上添加 4 个标签 Label,3 个文本框 Text,1 个命令按钮 Command。

(2) 各控件的属性设置如表 3-8 所示。

表 3-8 "计算星期几"的属性设置

对　象	属性名称	属性值
Form1	Caption	计算星期几
Label1	Caption	年:
Label2	Caption	月:
Label3	Caption	日:
Label4	Caption	空
	BackColor	红色
Text1 Text2 Text3	Text	空
Command1	Caption	计算

(3) 代码设计。

```
Private Sub Command1_Click()
    Dim d%,y%,c%,m%  '声明变量,d 表示日期,y 表示年份后两位,c 表示年份前两位,m 表示月份
    c=Text1\100                      '\运算符表示取商
    y=Text1 Mod 100                  'Mod 表示取余
    m=Text2
    d=Text3
    w=(d+26*(m+1)\10+y+y\4+c\4-2*c-1)Mod 7
    w=Mid("日一二三四五六",w+1,1)     'w 是数值,通过该语句把它变为汉字
    Label4=Text1 &"年"& Text2 & "月" & Text3 & "日" & "是星期" & w
End Sub
```

2. 实验作业

(1) 求出下列表达式的值,并在 Visual Basic 环境中测试正确与否。

提示:在 Visual Basic 中有两种方法计算表达式的值,分别是:

① 打开 Visual Basic 的立即窗口,然后输入"? 表达式",按 Enter 键即可出现结果。

② 新建窗体,把所有表达式用 Print 方法写在窗体的 Click 事件中。

算术运算符:

① (2+3^3)/2

② (2+3^3)\2

③ 23 mod 3

④ 3 mod 7

⑤ 27/4\3

⑥ ＃8/8/2008＃＋10

⑦ ＃20/3/2011＃－＃1/1/2010＃

⑧ 16/4－2^5＊8/4 MOD 5\2

文本运算符：

① "Hello" & "VB"

② "Hello"＋"VB"

③ "54" & "60"

④ "54"＋"60"

⑤ "54"＋60

⑥ "Hello"＋60

关系运算符：

① "Hello"＝"HELLO"

② "Hello"＝"Hel"

③ "Hello">＝"Hel"

④ ＃20/3/2011＃<＃1/1/2010＃

⑤ "H"<>"h"

逻辑运算符：

① 20>5 and 7<3

② 20>5 or7<3

③ not "A"<>"a"

④ "abcd"＝"abc" and "abc">"ab"

（2）创建"数字拆分和逆序"程序，其运行界面如图 3.4 所示。要求：

运行窗体时，在第一个文本框内输入一个 4 位的数字。

① 单击"拆分"按钮，能把所输入数字的各位数字求出来，并显示在 4 个文本框内。

② 单击"逆序"按钮，能把所输入数字逆序显示在下面的文本框内。

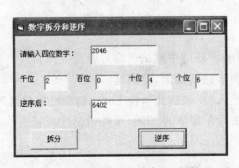

图 3.4 "数字拆分和逆序"运行界面

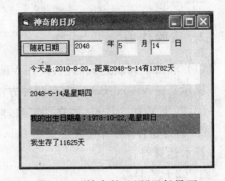

图 3.5 "神奇的日历"运行界面

3.2.3　实验 3-3　常用内部函数

1. 示例实验

【实验目的】

（1）理解不同类型函数的格式、功能。

（2）掌握各种函数的使用方法。

【实验内容】

创建"神奇的日历"程序。要求：单击"随机日期"按钮，能够在右侧的三个文本框中随机生成一个日期，并在下面的 4 个标签中出现图 3.5 所示的内容。

说明：

① 日期的范围：年份 1900—2100，月份 1-12，日期 1-28（为使程序正确并简单化，忽略其他几天）。

② 第一个彩色标签：使用函数出现当天日期，并计算出与随机日期的距离天数。

③ 第二个彩色标签：使用函数计算出随机日期是星期几。

④ 第三个彩色标签：使用函数计算出你的出生日期是星期几。

⑤ 第四个彩色标签：使用函数计算出你存在了多少天。

【实验分析】

函数是能够实现一些特定功能的系统内部程序。Visual Basic 的内部函数包括数学函数、字符串函数、日期和时间函数、数据类型转换函数、格式输出函数和随机数语句函数等。每类函数都有一些常用的具体函数，需要掌握它们的格式、功能，并能灵活地运用。

本例中，主要是针对随机函数、日期函数、数学函数和字符串函数的综合运用。首选通过三次随机函数生成一个随机日期，然后通过两个日期相减，产生第一行标签的内容；第二、三行彩色标签是通过 Weekday 函数求出日期是星期几（注意与 3.2.2 节示例实验的求法不一样）；第四行彩色标签的原理和第一行类似。

【实验步骤】

（1）界面设计。在窗体上添加 7 个标签 Label，3 个文本框 Text，1 个命令按钮 Command。

（2）各控件的属性设置如表 3-9 所示。

表 3-9　"神奇的日历"的属性设置

对　　象	属 性 名 称	属 性 值
Form1	Caption	神奇的日历
Label1	Caption	年
Label2	Caption	月
Label3	Caption	日

对　　象	属 性 名 称	属 性 值
Label4	Caption	空
	BackColor	浅黄
Label5	Caption	空
	BackColor	浅绿
Label6	Caption	空
	BackColor	红
Label7	Caption	空
	BackColor	青绿
Text1 Text2 Text3	Text	空
Command1	Caption	随机日期

（3）代码设计。

```
Private Sub Command1_Click()
    Randomize                         '该语句是为保证每次运行时产生不同的随机数
    Dim xrq As Date                   '声明新日期变量 xrq,代表随机产生的这个日期
    Text1=Int(Rnd * 201+1900)         '随机产生 1900~2100 之间的一个整数,即年
    Text2=Int(Rnd * 12+1)             '随机产生 1~12 之间的一个整数,即月
    Text3=Int(Rnd * 28+1)             '随机产生 1~28 之间的一个整数,即日,忽略其他几天
    xrq=Text1 &"-" & Text2 &"-" & Text3
        '因为下面要引用这个日期,所以把三个随机数字整合成一个类似日期的字符串赋值给 xrq
    n=Weekday(xrq)                    '测试某个日期是星期几
    Dim cs As Date
    cs=#10/22/1978#                   'cs 变量代表用户的生日
    Label4="今天是: "& Date &"。距离"& xrq &"有"& Abs(xrq-Date)&"天"
    Label5=xrq & "是星期" & Mid("日一二三四五六",n,1)
    Label6="我的出生日期是: " & cs & "," & "是星期" & Mid("日一二三四五六",Weekday(cs),1)
    Label7="我生存了" & Date-cs & "天"
End Sub
```

2. 实验作业

（1）求出下列表达式的值,并在 Visual Basic 环境中测试正确与否。

① Int(−3.14159)

② Sqr(Sqr(64))

③ Fix(−3.1415926)

④ Int(Abs(99−100)/2)

⑤ Len("123 程序设计 ABC")

⑥ 123＋MID("1234356",3,2)

⑦ abs(−3.6) * sqr(100)

⑧ Ucase(Mid("abcdefgh",3,4))

⑨ Int(198.555 * 100＋0.5)/100

⑩ Len(Str(17.35)) Mod 2

⑪ 已知 A＝"12345678",求 Val(Left(A,4)＋Mid(A,4,2))

⑫ 已知 A＝"VB Programing",B＝"Quick",求 B & Ucase(Mid(a,7,6)) & Right(A,11)

(2) 按照要求写出函数表达式：

① 产生[60,100]之间的随机整数

② 对 1234.567 保留 2 位小数

③ 从字符串"上海 2010 世博会"中取出"世博"

④ 将字符"11s56"转换成数字

⑤ 将数值 24.67 转换成字符,并测试其长度

⑥ 测试 K 的 ASCII 值

⑦ 生成 6 个" * "号

⑧ 将字符串"烟台苹果莱阳梨"中的"苹果"替换成"樱桃"

⑨ 计算 100 天前和 10 周后为何年何月何日

(3) 创建"函数练习"程序,要求：

① 单击"随机字符"按钮时,在右侧文本框随机产生一个字符,单击多次,右侧文本框内会逐次在末尾添加一个字符(如图 3.6 所示,图中是单击了 13 次按钮后的效果)。

提示：随机产生一个数字,然后把对应的 ASCII 码求出来。数字范围是 60～172,因为这个范围包括了大小写字母、数字 0～9 及某些标点符号。

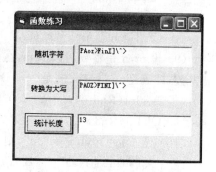

图 3.6 "函数练习"程序界面

② 单击"转换为大写"按钮,会把上面文本框中的内容换成大写。

③ 单击"统计长度"按钮,会把上面文本框中的字符长度求出来。

3.3 本章习题

1. 单选题

(1) X 是小于 100 的非负数,用 Visual Basic 表达式表达正确的是(　　)。

    A. 0≤X≤100

    B. 0<=X<100

    C. 0<=X and X<100

    D. 0≤X<100

(2) 语句 Print "The answer is";20/4－2 的结果为（　　　）。

    A. The answer is 20/4－2　　　　　　B. The answer is 3

    C. The answer is "20/4－2"　　　　　　D. 非法语句

(3) 设 a＝"Visual Basic",下面的（　　　）语句可使 b 的值为"Basic"。

    A. b＝Mid(a,8)　　　　　　　　　　B. b＝Mid(a,7,5)

    C. b＝Right(a,5,5)　　　　　　　　　D. b＝Left(a,5)

(4) 下列可作为 Visual Basic 变量名的是（　　　）。

    A. Filename　　　　B. A(A＋B)　　　　C. A%D　　　　D. Print

(5) 若 x＝2,执行程序段 Print x＋1：Print x＋2：Print x＋3 后,变量 x 的值是（　　　）。

    A. 2　　　　　　B. 3　　　　　　C. 4　　　　　　D. 5

(6) 能实现两个变量 x,y 交换其值的语句段是（　　　）。

    A. x＝t：t＝y：y＝t　　　　　　　　B. t＝y：y＝x：x＝t

    C. x＝y：t＝y：x＝t　　　　　　　　D. x＝y：y＝x

(7) 为了给 x,y,z 三个变量赋初值1,下面正确的赋值语句是（　　　）。

    A. x＝y＝z＝1　　　　　　　　　　B. x＝1,y＝1,z＝1

    C. x＝1：y＝1：z＝1　　　　　　　　D. xyz＝1

(8) 能表示身高 T 超过 1.7 米且体重 W 不大于 62.5 千克的人的表达式是（　　　）。

    A. T>1.7 OR W<62.5　　　　　　　B. T>＝1.7 OR W>＝62.5

    C. T>1.7 And W<62.5　　　　　　　D. T>1.7 And W<＝62.5

(9) 设 m,n 是整数,且 n>m,在以下 4 个语句中,能产生一个 m～n 之间(含 m,n)任意整数,即满足 n≥x≥m 的是（　　　）。

    A. Int(Rnd * (n－m+1))＋m　　　　B. Int(Rnd * n)＋m

    C. Int(Rnd * m)＋n　　　　　　　　D. Int(Rnd * (m －n))＋m

(10) 设 a%＝20,b$＝"30",则下列输出结果是"2030"的语句是（　　　）。

    A. Print str(a)　　B. Print "a"＋b　　C. Print a＋b　　D. Print a & b

(11) Int(rnd * 99＋1)产生的随机整数的区间是（　　　）。

    A. [1,99]　　　　B. [0,98]　　　　C. [0,99]　　　　D. [1,98]

(12) 语句 Dim x,y As Single 的作用是（　　　）。

    A. x 和 y 都是单精度型　　　　　　B. x 是变体型,y 是单精度型

    C. x 是整型,y 是单精度型　　　　　D. 此语句出错

(13) 假如今天是 2000 年 8 月 6 日,对应的日期形式是（　　　）。

    A. [2000-08-06]　　　　　　　　　B. ♯2000-08-06♯

    C. 2000-08-06　　　　　　　　　　D. 2000/08/06

(14) 设 a＝10,b＝5,c＝1,执行语句 Print a>b>c 后,窗体上显示的是（　　　）。

    A. True　　　　　B. False　　　　　C. 1　　　　　D. 出错信息

(15) 执行语句 s＝Len(Mid("VisualBasic",1,6))后,s 的值是（　　　）。

    A. Visual　　　　B. Basic　　　　C. 6　　　　　D. 11

(16) 以下关系表达式中,其值为 False 的是（　　　）。

A. "ABC">"AbC"　　　　　　　　B. "the"<>"they"

C. "VISUAL"=Ucase("Visual")　　D. "Integer">"Int"

(17) 设 x＝4,y＝8,z＝7,以下表达式的值是(　　　)。

x<y and(not y>z)or z<x

A. 1　　　　　　B. 2　　　　　　C. True　　　　　D. False

(18) 执行如下两条语句,窗体上显示的是(　　　)。

a=9.8596
Print Format(a,"$00,00.00")

A. 0,009.86　　　B. $9.86　　　C. 9.86　　　D. $0,009.86

(19) 函数 String(n,"str")的功能是(　　　)。

A. 把数值型数据转换为字符串

B. 返回由 n 个字符组成的字符串

C. 从字符串中取出 n 个字符

D. 从字符串中第 n 个字符开始取子字符串

(20) 声明符号常量应该用关键字(　　　)。

A. Static　　　　B. Double　　　　C. Private　　　D. Const

2. 填空题

(1) 名称_____表示整型变量。

(2) 在 Visual Basic 中,字符串常量要用_____括起来。

(3) 所谓默认属性是指不用指定控件的属性名就可以代表其属性。文本框控件的默认属性是_____。

(4) 表示变量 a、b 中至少有一个为 0 的逻辑表达式为_____。

(5) 将数学式(x＋y)sin30° 写作 Visual Basic 算术表达式为_____。

(6) 用函数 Rnd()和 Int()如何正确表示随机产生一个 1～100 的整数_____。

(7) 在 Visual Basic 中,日期/时间型常量要用_____括起来。

(8) 在 Visual Basic 中,变量根据不同的类型有不同的默认值,数值类型的默认值是_____。

(9) 产生[70,100)之间的随机整数的表达式是_____。

(10) 表达式 Ucase(Mid("ABCDEFGH",3,4))的值是_____。

第 **4** 章 程序设计基础

4.1 预 备 知 识

4.1.1 Visual Basic 程序语句的书写规则

（1）程序中的关键字及变量名不区分字母的大小写。

（2）各关键字、变量名、常量名、过程名之间一定要有空格分隔。

（3）分号、引号、括号等符号都是英文状态下的半角符号。

（4）系统会对用户输入的程序代码进行自动转换。

（5）Visual Basic 允许一行写多条语句，语句间用冒号（:）分隔，一行允许多达 255 个字符。

（6）单行语句可以分多行书写，在本行后加续行符_（空格和下划线）。

（7）为提高程序的可读性，可以添加注释：

① 整行注释一般以 Rem 开头，Rem 与注释内容之间要加一个空格。

② 用单撇号'引导的注释，既可以是整行的，也可以直接放在语句的后面，较为常用。

4.1.2 顺序结构

1. 赋值语句

格式 1：

变量=表达式

格式 2：

[对象名.]属性=表达式

2. 数据的输入输出语句

（1）InputBox 函数

功能：产生输入对话框，等待用户输入内容，函数返回值类型为字符型。

函数形式：

变量=InputBox(<提示信息>[,对话框标题][,默认值])

（2）MsgBox 函数或 MsgBox 过程
功能：弹出消息框，提示用户选择按钮，控制程序的流向。
函数形式：

变量=MsgBox(<提示信息>[,按钮值][,对话框标题])

4.1.3 选择结构

1. If 语句

1) 单分支结构
格式一：

If<条件表达式>Then<语句组>

格式二：

```
If<条件表达式>Then
    <语句组>
End If
```

2) 双分支语句
格式一：

If<条件表达式>Then<语句 1>Else 语句组

格式二：

```
If<条件表达式>Then
    <语句组 1>
Else
    <语句组 2>
End If
```

3) 多分支语句

```
If<表达式 1>Then
    <语句组 1>
ElseIf<表达式 2>Then
    <语句组 2>
        ⋮
[Else
    <语句组 n+1>]
End If
```

当 IF 结构内有多个条件为 True 时,仅执行第一个为 True 的条件后的语句组,然后跳出 IF 结构。

4) IF 语句的嵌套

IF 语句的嵌套是指 If 或 Else 后面的语句块中又包含 IF 语句。

```
If<表达式 1>Then
    <语句组 1>
    If<表达式 2>Then
        <语句组 2>
    End If
Else
    <语句组 3>
End If
```

或

```
If<表达式 1>Then
    <语句组 1>
Else
    If<表达式 2>Then
        <语句组 2>
    End If
    <语句组 3>
End If
```

嵌套结构应注意以下两点:

① 为了便于阅读,语句应写为锯齿型。

② End If 与离它位置最近的没有匹配的 IF 是一对的。

2. Select Case 语句

Select Case 语句(又称为情况语句)是多分支结构的另一种表示形式。

其语句形式:

```
Select Case <变量或表达式>
        Case <表达式列表 1>
            <语句块 1>
        Case <表达式列表 2>
            <语句块 2>
          ⋮
        [Case Else
            语句块 n+1]
    End Select
```

3. 条件函数

1）IIf 函数

形式：

IIf(<条件表达式>,<表达式 1>,<表达式 2>)

功能：当条件表达式的值为 True 时返回值为"表达式 1"；否则为"表达式 2"。

2）Choose 函数

形式：

Choose(<数值表达式>,<表达式 1>,<表达式 2>,…,<表达式 n>)

功能：Choose 函数用来执行多分支判断，可代替 Select Case 语句。根据<数值表达式>的值决定返回其后<表达式列表>中哪个表达式的值。

4.1.4 循环结构

1. For 循环

For 循环也称计数循环，它的一般格式：

```
For 循环变量=初值 To 终值[Step 步长]
    [循环体]
    [Exit For]
    [循环体]
Next [循环变量]
```

2. Do…LOOP 循环

格式一（先判断条件，后执行循环）：

```
Do{While|Until}<条件>
   循环体
Loop
```

格式二（先执行循环体，后测试）：

```
Do
   循环体
Loop{While|Until}条件
```

3. 循环的嵌套

循环体内又含有循环的循环称为多重循环或者循环的嵌套。

循环的嵌套要遵循一定的规则：

① 嵌套的内外循环不能用相同的循环变量名。

② 在循环嵌套中,内外循环不可交叉。

③ 循环的总次数为每一重循环次数的乘积。

4.1.5 其他控制语句

1. Go To 语句

形式:

Go To{标号|行号}

功能:无条件地转移到标号或行号指定的那行语句。建议少用。

2. Exit 语句

Exit 语句用于退出 Do…Loop、For…Next、Function 或 Sub 代码块。对应的使用格式为 Exit Do、Exit For、Exit Function、Exit Sub,分别表示退出 Do 循环、For 循环、函数过程、子过程。

3. End 语句

形式:

End

功能:结束一个程序的运行,可以放在任何事件过程中。

在 Visual Basic 中还有多种形式的 End 语句,用于结束一个程序块或过程。其形式有 End If、End Select、End Type、End With、End Sub、End Function 等,它们与对应的语句配对使用。

4.2　本　章　实　验

4.2.1　实验 4-1　顺序结构及数据的输入输出

1. 示例实验

【实验目的】

(1) 熟练了解 Visual Basic 命令格式中的符号约定,掌握 Visual Basic 语句的书写规则。

(2) 掌握几种基本的赋值命令。

(3) 掌握数据的输入函数 InputBox 和输出函数 MsgBox 的使用。

【实验内容】

创建如图 4.1 和图 4.2 所示程序。要求：

（1）单击"输入数值"按钮时，依次弹出两次输入框，供用户输入数据，如图 4.1 所示。输入完后，会在窗体上出现第一行所示的内容。

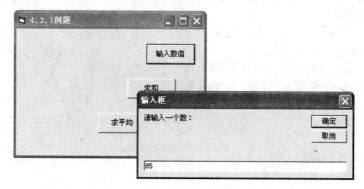

图 4.1 "4.2.1 节例题"运行界面（1）

（2）单击"求和"按钮，会把输入数值的和求出来并显示在窗体上。

（3）单击"求平均"按钮，会把输入数值的平均值求出来并显示在窗体上，如图 4.2 所示。

【实验分析】

InputBox 函数的功能是产生输入对话框，供用户输入内容。注意这个函数的返回值类型为字符型数据。在本题中，接下来涉及到把输入数据进行计算，所以最好用 Val 函数进行类型转换。当然，如果声明变量时指定了其类型为数值型，也可以不用函数转换类型。

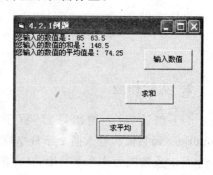

图 4.2 "4.2.1 节例题"运行界面（2）

在本例中的三个命令按钮的 Click 事件代码中都用到了所输入的数据，所以通常把输入的数据赋值给某个变量，然后直接对变量求和和求平均值。所以，要想在多个事件过程中都使用同一个变量，那么就要把变量声明在通用声明段。

【实验步骤】

（1）界面设计。在窗体上添加 3 个命令按钮 Command。

（2）各控件的属性设置如表 4-1 所示。

表 4-1 "4.2.1 节例题"的属性设置

对　象	属性名称	属　性　值
Form1	Caption	4.2.1 例题
Command1	Caption	输入数值
Command2	Caption	求和
Command3	Caption	求平均

(3) 代码设计。

通用声明段代码：

```
Dim a,b
'变量 a 和 b 分别表示用户输入的数值,这里声明为 Variant 型,所以下面计算时必须用 Val 函
数进行类型转换

Private Sub Command1_Click()
    a=InputBox("请输入一个数:","输入框")
    b=InputBox("请输入一个数:","输入框")
    Print "您输入的数值是:"; a; b
End Sub

Private Sub Command2_Click()
    Print "您输入的数值的和是:"; a+b
     'InputBox 函数的返回值是字符型,必须用 Val 函数把它转化为数值型再相加,否则为连接
End Sub

Private Sub Command3_Click()
    Print "您输入的数值的平均值是:";(Val(a)+Val(b))/ 2
End Sub
```

2. 实验作业

(1) 创建"输入输出练习"程序。要求：运行程序后，单击"输入"按钮，可通过 Inputbox 函数依次输入两个字符串，存入字符串变量 a 和 b 中；单击"连接"按钮，则把两个字符串连接成为一个字符串，并在消息框中显示出来。如图 4.3 所示，图中用户输入的字符串分别为"Hello"和"VB"，练习时读者可以任意输入。

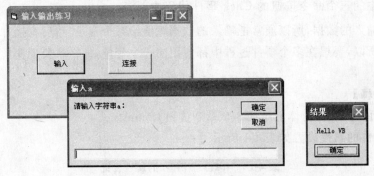

图 4.3 "输入输出练习"界面

(2) 创建"鸡兔同笼"程序。界面如图 4.4 所示。要求显示在窗体上的标签中，单击"计算"按钮时，以消息框的形式显示结果。单击"退出"按钮结束程序。

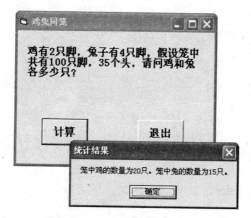

图 4.4 "鸡兔同笼"程序界面

4.2.2 实验 4-2 选择结构程序设计(单分支、双分支)

1. 示例实验

【实验目的】

(1) 掌握关系表达式、逻辑表达式的正确书写形式。

(2) 掌握单分支 If 语句和双分支 If 语句的结构和使用。

【实验内容】

创建图 4.5 所示的"闰年"程序。闰年的判别条件为：年份能被 4 整除但不能被 100 整除，或者年份能被 100 整除又能被 400 整除。

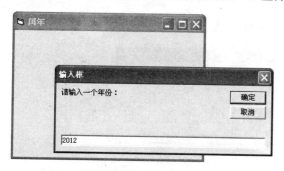

(a) 程序输入界面

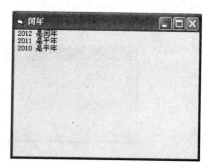

(b) 程序运行后界面

图 4.5 "闰年"程序界面

要求：单击窗体，弹出输入框输入一个年份，然后在窗体上显示所示的内容。

【实验分析】

本题的关键是判断"是否是闰年"的条件的书写，两个条件取一即成立，所以用 or 连接，而每个条件都要同时满足两项，所以用 And 连接。注意双分支语句 If…then…else…End If 的格式。

【实验步骤】

(1) 属性设置：把窗体的 Caption 设为"闰年"。

(2) 代码设计。

```
Private Sub Form_Click()
    Dim y%
    y=InputBox("请输入一个年份：","输入框")
    If(y Mod 100 <>0 And y Mod 4=0)Or(y Mod 100=0 And y Mod 400=0)Then
        Print y; "是闰年"
    Else
        Print y; "是平年"
    End If
End Sub
```

2. 实验作业

(1) 创建"三角形"程序。要求：单击窗体时，通过 Inputbox 函数，由键盘输入三条边的长度，判断它们能否构成一个三角形，如果可以，则求出三角形的面积和周长，并将结果显示在标签上；如果不可以，则用 msgbox 函数或过程提示用户"不能构成三角形"。

说明：

① 构成三角形的条件是任意两条边长的和大于第三边。

② 任意三角形的面积按如下公式计算：假设 a，b，c 分别表示三角形的三条边。

$$t = 1/2 \times (a+b+c)$$

$$面积 = \sqrt{t(t-a)(t-b)(t-c)}$$

设计界面和运行界面如图 4.6 所示。

(2) 单击窗体，由键盘输入三个数，然后在窗体上输出其中最大值。

(a) 设计状态

(b) 输入边长

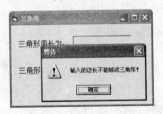

(c) 输入错误时

(d) 输入正确时

图 4.6 "三角形"程序界面

Visual Basic 程序设计实验教程

4.2.3 实验4-3 选择结构程序设计(多分支)

1. 示例实验

【实验目的】

(1)掌握多分支语句的几种格式和使用。

(2)掌握情况语句 Select 和多分支语句 If 的区别。

【实验内容】

创建图4.7所示的"身体质量指数"程序。分别用 If 和 Select Case 语句实现。

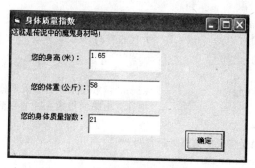

图4.7 "身体质量指数"程序界面

要求:在"身高"和"体重"文本框内输入数据后,单击"确定"按钮,在最下方的文本框内计算出身体指数(需四舍五入取整),并根据指数不同的区间,设置文本框的背景色及在窗体上输出相应的评语。

说明:

① 身体质量指数的公式:指数=体重/(身高的平方)。体重单位为公斤,身高单位为米。

② 假设质量指数为 bmi,则不同的区间评语及警告色为:

bmi<15	"你一定是受到了虐待,怎么像个电线杆子!"	text3背景色为红色
15<=bmi<=20	"瘦了一点点,你应该多吃点东西啊!"	text3背景色为黄色
bmi=21	"这就是传说中的魔鬼身材吗!"	text3背景色不变
22<=bmi<=30	"小心喔!少吃点可以吗?还要多多运动啊!"	text3背景色为黄色
bmi>30	"哎呀!赶快开始减肥计划吧!"	text3背景色为红色

【实验分析】

当有多个条件时,就用到了多分支语句。If…ElseIf…End if 和 Select Case…End Select 两种语句结构都可以实现多重判断分支,注意其区别。在罗列各种情况的表达式时,可以按照从小到大或从大到小依次表示,还可以不考虑次序,直接将区间列出,用 And 或 Or 逻辑运算符连接即可。

【实验步骤】

(1)界面设计。在窗体上添加3个标签 Label,3个文本框 Text,1个命令按钮 Command。

(2)各控件的属性设置如表4-2所示。

表 4-2 "身体质量指数"的属性设置

对　　象	属 性 名 称	属 性 值
Form1	Caption	身体质量指数
Label1	Caption	您的身高(米):
Label2	Caption	您的体重(公斤):
Label3	Caption	您的身体质量指数:
Text1 Text2 Text3	Text	空
Command1	Caption	确定

(3) 代码设计。

方法一：If…ElseIf…End if 结构

```
Private Sub Command1_Click()
    Dim h!,w!,bmi!                   'h代表身高,w代表体重,bmi代表身体质量指数
    h=Text1
    w=Text2
    bmi=Round(w/h^2)                 'Round函数用来四舍五入取整
    Text3=bmi                        '把计算出来的指数bmi显示到text3中
    If bmi=21 Then
        Print"这就是传说中的魔鬼身材吗!"
    ElseIf bmi >=22 And bmi <=30 Then
        Print "小心喔!少吃点可以吗?还要多多运动啊!"
        Text3.BackColor=RGB(255,255,0)      '把text3的背景色设置为黄色
    ElseIf bmi >30 Then
        Print"哎呀!赶快开始减肥计划吧!"
            Text3.BackColor=RGB(255,0,0)
    ElseIf bmi<=20 And bmi>=15 Then
        Print "瘦了一点点,你应该多吃点东西啊!"
            Text3.BackColor=RGB(255,255,0)
    ElseIf bmi<15 Then
        Print "你一定是受到了虐待,怎么像个电线杆子!"
            Text3.BackColor=RGB(255,0,0)
    End If
End Sub
```

方法二：Select Case…End Select 结构

```
Private Sub Command1_Click()
    Dim h!,w!,bmi!
    h=Text1.Text
    w=Text2
    bmi=Round(w/h^2)
    Text3=bmi
    Select Case bmi                  'Select Case后应跟变量或表达式
      Case 21            '每个Case后只能是表达式、枚举值、m to n或Is关系表达式中的一种
        Print "这就是传说中的魔鬼身材吗!"
      Case 22 To 30
```

```
        Print "小心喔!少吃点可以吗?还要多多运动啊!"
        Text3.BackColor=RGB(255,255,0)
    Case Is>30
        Print "哎呀!赶快开始减肥计划吧!"
        Text3.BackColor=RGB(255,0,0)
    Case 15 To 20
        Print "瘦了一点点,你应该多吃点东西啊!"
        Text3.BackColor=RGB(255,255,0)
    Case Else
        Print "你一定是受到了虐待,怎么像个电线杆子!"
        Text3.BackColor=RGB(255,0,0)
    End Select
End Sub
```

2. 实验作业

(1) 编程实现三个数的排序,如图 4.8 所示。要求:

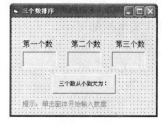

(a) 设计界面   (b) 运行后界面

图 4.8 "三个数排序"程序界面

① 单击窗体时,利用 Inputbox()接收三个数字,并将三个数分别显示在相应标签下面。

② 单击命令按钮时,将三个数按照从小到大的顺序排序;并在窗体上打印文字"三个数从小到大为:",后面接着显示排序后的数字。

(2) 编写一个计算个人所得税的程序。假设个人所得税的收缴标准如下:收入少于或等于 2000 元,不收税;收入超过 2000 元的部分,按 5%收税;收入超过 5000 元的部分,按 10%收税;收入超过 10 000 元的部分,按 20%收税。

提示:个人收入从 Inputbox()对话框输入。计算结果用 print 方法输出在窗体上。

要求:使用 if 和 select case 两种方法实现。

4.2.4　实验 4-4　循环结构程序设计

1. 示例实验

【实验目的】

(1) 理解循环结构的执行流程。

(2) 掌握 For 循环和 Do 循环的基本语法及运用。

(3) 熟练使用累加语句和计数语句。

【实验内容】

情报部门发送的情报通常都要根据某种算法进行加密,原文称为"明文",加密后的称

为"密文"。假设运用最基本的法则进行加密——对原字母在字母表中向前推一个,即 C 变为 B,J 变为 I,以此类推。设计一个"译码器"程序,如图 4.9 所示。

输入"明文",单击"加密"按钮,可以出来"密文";输入"密文",单击"破译"按钮,可以出来"明文"。

说明:空格不转换。

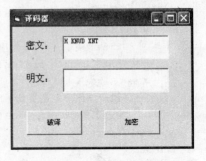

图 4.9 "译码器"程序界面

【实验分析】

本题中,无论是"破译"还是"加密",都需要用到

循环结构,每次取出一个字符,然后进行变换。取字符时,要判断是否为空格(空格的 ASCII 码为 32)。字符变换的原理是:因为在字母表中,相邻字符的 ASCII 码值差 1,所以把该字符的 ASCII 码求出来,然后+1(破译)或者-1(加密),再把新 ASCII 码值转换为一个新字符,并且转换好的字符要依次附着在文本框的尾部。

【实验步骤】

(1) 界面设计。在窗体上添加 2 个标签 Label,2 个文本框 Text,2 个命令按钮 Command。

(2) 各控件的属性设置如表 4-3 所示。

表 4-3 "译码器"的属性设置

对　象	属性名称	属性值	对　象	属性名称	属性值
Form1	Caption	译码器	Text2	Text	空
Label1	Caption	密文:	Command1	Caption	破译
Label2	Caption	明文:	Command2	Caption	加密
Text1	Caption	H KNUD XNT			

(3) 代码设计。

```
Private Sub Command1_Click()
    Dim L%,i%,c$,cc$
    L=Len(Text1)                    '测试"密文"的长度
    For i=1 To L
        c=Mid(Text1,i,1)            '每次取出一个字符,放在变量 c 中
        If Asc(c)<>32 Then          '如果不是空格
            cc=Chr(Asc(c)+1)        '把变量 c 代表的字符进行转换,存在变量 cc 中
            Text2=Text2+cc          '转换好的字符附在文本框后面。思考:Text2=cc 对不对?
        Else
            Text2=Text2+c           '如果是空格,则直接附在文本框后
        End If
```

```
    Next i
End Sub

Private Sub Command2_Click()
    l=Len(Text2)
    For i=1 To l
        c=Mid(Text2,i,1)
        If Asc(c)<>32 Then
            cc=Chr(Asc(c)-1)
            Text1=Text1+cc
        Else
            Text1=Text1+c
        End If
    Next i
End Sub
```

2. 实验作业

（1）设计图 4.10 所示窗体，要求单击各按钮时分别在窗体上输出各种图形。

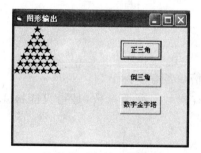

(a) 单击"正三角"按钮后

(b) 单击"倒三角"按钮后

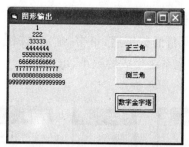

(c) 单击"数字金字塔"按钮后

图 4.10 "图形输出"程序界面

（2）单击窗体时求 $1+\dfrac{1}{3}+\dfrac{1}{5}+\dfrac{1}{7}+\cdots$ 的和，直到所加项 $\dfrac{1}{n}$ 小于 10^{-3}，这时所求的和用消息框输出。

（3）单击窗体时输出表达式的结果：$1-2+3-4+5-6\cdots+99-100$。

(4) 编程求和：$1+(1+2)+(1+2+3)+\cdots+(1+2+\cdots+100)$。

(5) 如果工作后第一年收入 5W，以后每年增长 10%，每年能攒下收入的 60%，问：多少年后能成为百万富翁？

(6) 字符串反转问题。单击按钮后，文本框 2 里显示的是文本框 1 中内容的反写，效果如图 4.11 所示。

(7) 单击窗体时求出 100～200 之间所有能被 3 或者 7 整除的数的和，并在窗体上打印结果。

图 4.11 "字符串反转"程序界面

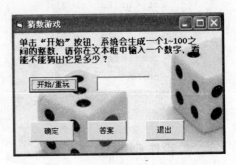

图 4.12 "猜数游戏"程序界面

4.2.5 拓展实验

(1) 分别统计 100 之内 3 的倍数和 7 的倍数各有多少个？

(2) 单击窗体时输出 0～100 之间的所有素数。所谓素数，是指只能被 1 和它本身整除。

(3) "猜数游戏"程序，界面如图 4.12 所示。

说明：

① 单击"开始/重玩"按钮，系统会自动生成一个 1～100 之间的整数（并不显示）。

② 在文本框内输入你所猜的数字后，单击"确定"按钮，若正好猜中，则出现图 4.13(a) 所示的提示；若输入数值比系统生成的数小，出现图 4.13(b) 所示提示；输入数值比系统生成的数大，出现图 4.13(c) 所示提示。

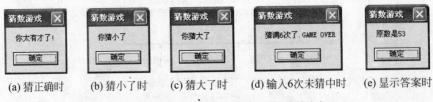

图 4.13 "猜数游戏"程序弹出的各种消息框

③ 若输入 6 次数值均没猜中，则出现图 4.13(d) 所示的内容，并且不允许再次输入，只能单击"开始/重玩"按钮。

④ 单击"答案"按钮,给出图 4.13(e)所示的答案。

⑤ 单击"退出"按钮,结束程序的运行。

(4) 用数字显示菱形,窗体一运行即显示图 4.14 所示菱形。

(5) 爱因斯坦的阶梯问题。

设有一个阶梯,若每步走 2 级,则最后剩下 1 级;若每步走 3 级,则剩下 2 级;若每步走 5 级,则剩下 6 级;若每步走 6 级,则剩下 5 级;若每步走 7 级,则刚好不剩。问至少有多少级阶梯?

提示:用 Do…Loop 语句来完成。在循环体内使用选择结构来判断条件。

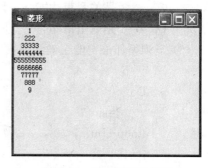

图 4.14 "菱形"程序界面

(6) 找出 1～1000 内的同构数。正整数 n 若是它平方数的尾部,则称 n 为同构数。例如,5 是其平方数 25 的尾部,76 是其平方数 5776 的尾部,5 与 76 都是同构数。

4.3 本 章 习 题

1. 单选题

(1) InputBox 函数返回值的类型为( )。

  A. 数值   B. 字符串   C. 变体   D. 视输入的数据而定

(2) 设有如下语句:

```
Strl=InputBox("输入","","练习")
```

从键盘上输入字符"示例"后,Strl 的值是( )。

  A. "输入"   B. " "   C. "练习"   D. "示例"

(3) 设 x 初值为 0,则下列循环语句执行后,i 的值等于( )。

```
For i=1 To 10 Step 2
    x=x+i
Next i
```

  A. 25   B. 12   C. 9   D. 11

(4) 设 a、b、c 为整型变量,其值分别为 1、2、3,以下程序段的输出结果是( )。

```
a=b:b=c:c=a
Print a;b;c
```

  A. 1 2 3   B. 2 3 1   C. 3 2 1   D. 2 3 2

(5) 对于语句 if x=1 then y=1,下列说法正确的是( )。

A. x=1 和 y=1 均是赋值语句

B. x=1 和 y=1 均是关系表达式

C. x=1 是关系表达式,y=1 是赋值语句

D. x=1 是赋值语句,y=1 是关系表达式

(6) 下列循环语句能正确结束循环的是(　　)。

A. j=5
```
Do
    j=j+1
Loop Until j<0
```

B. j=1
```
Do
    j=j+2
Loop Until j=10
```

C. j=10
```
Do
    j=j-1
Loop Until j<0
```

D. j=6
```
Do
    j=j-2
Loop Until j=1
```

(7) 退出 For 循环可使用的语句为(　　)。

A. Exit For   B. Exit Do   C. End For   D. End Do

(8) 要使下面程序段能正确显示 1!、2!、3!、4!的值,第一行括号处应填写(　　)。

```
(        )
For j= 1 to 4
    n= n * j
    Print n
Next j
```

A. n=0   B. n=1   C. j=1   D. j=0

(9) 执行下面的语句后,所产生的提示框的标题栏内容是(　　)。

```
a=MsgBox("AAAA",5,"BBBB")
```

A. AAAA   B. 5

C. BBBB   D. 出错,不能产生信息框

(10) 当 Visual Basic 执行下面语句后,A 的值为(　　)。

```
A=1
If A>0 Then A=A+1
If A>1 Then A=0
```

A. 0   B. 1   C. 2   D. 3

(11) 函数 InputBox 的三个参数依次为(　　)。

A. 提示信息、标题、缺省值   B. 标题、提示信息、缺省值

C. 缺省值、提示信息、标题   D. 缺省值、标题、提示信息

(12) MsgBox 函数用来(　　)。

A. 提供一个具有简单提示信息的提示框

B. 往当前工程中添加一个窗体

C. 提供一个具有简单提示信息的输入框

D. 删除当前工程中的一个窗体

(13) 设 a＝6，则执行 x＝IIf(a＞5，－1，0)后，x 的值是（　　）.

A. 5　　　　　　　B. 6　　　　　　　C. 0　　　　　　　D. －1

(14) 下面 If 语句统计满足性别为男，职称为副教授以上，年龄小于 40 岁条件的人数，不正确的语句是（　　）。

A. If sex="男" and age＜40 and Instr(duty,"教授")＞0 then n＝n＋1

B. If sex="男" and age＜40 and (duty="教授" or duty="副教授") then n＝n＋1

C. If sex="男" and age＜40 and right(duty,2)="教授" then n＝n＋1

D. If sex="男" and age＜40 and duty="教授" and duty="副教授" then n＝n＋1

(15) 阅读下面的程序段：

```
For i=1 to 3
  For j=1 to i
    For k=j to 3
        a=a+1
    next k
  next j
next i
```

执行上面的三重循环后，a 的值是（　　）。

A. 3　　　　　　　B. 9　　　　　　　C. 14　　　　　　　D. 21

(16) 执行以下程序段的结果是（　　）。

```
a="abbacddcba"
For i=6 to 2 step -2
    X=Mid(a,i,i)
    Y=Left(a,i)
    Z=Right(a,i)
    Z=Ucase(X & Y & Z)
Next i
Print Z
```

A. ABA　　　　　B. BBABBA　　　　C. ABBABA　　　D. AABAAB

(17) 以下 Case 语句中错误的是（　　）。

A. Case　0　to 10　　　　　　　B. Case　Is＞10

C. Case　Is＞10 and Is＜30　　　　D. Case 3,5,Is＞10

(18) 设有以下循环结构：

```
DO
    循环体
Loop While<条件>
```

则以下叙述中错误的是(　　　)。

    A. 若"条件"是一个为 0 的常数,则一次也不执行循环体

    B. "条件"可以是关系表达式、逻辑表达式或常数

    C. 循环体中可以使用 Exit Do 语句

    D. 如果"条件"总是为 True,则不停地执行循环体

(19) 下列 Visual Basic 程序段中,循环体执行的次数是(　　　)。

```
y=2
do while y<=8
    y=y+y
loop
```

    A. 2　　　　　　　　B. 3　　　　　　　　C. 4　　　　　　　　D. 5

(20) 下列程序段执行后输出的结果是(　　　)。

```
x=int(Rnd+4)
Slect Case x
    Case 5
        Print "优秀"K
    Case 4
        Print "良好"
    Case 3
        Print "及格"
    Case Else
        Print "不及格"
End Select
```

    A. 优秀　　　　　　B. 良好　　　　　　C. 及格　　　　　　D. 不及格

2. 填空题

(1) 要使下列语句执行 5 次,循环变量的初值应当是多少?

```
For k=_____ To -5 Step -2
```

(2) 以下程序的功能是生成 20 个 100~300 之间的随机整数,输出其中能被 5 整除的数,并求出它们的和。请填空。

```
For i=1 to 20
  x=Int(Rnd * 200+100)
  if _____ = 0 then
    Print x
    S=S+_____
  End if
Next i
Print "Sum=";S
```

(3) 初始化随机数发生器的语句是_____。

(4) 下面程序的功能是：输出 100 以内能被 3 整除且个位数为 6 的所有整数，请在空白下划线处填入正确的数据或语句。

```
Private Sub Form_Click()
  For i=0 To _____
    j=i*10+6
    If _____ Then Print j
  Next i
End Sub
```

(5) 在窗体中添加一个命令按钮，然后编写如下代码：

```
Private Sub Command1_Click()
  a=InputBox("请输入一个整数")
  b=InputBox("请输入一个整数")
  Print Val(a)+Val(b)
End Sub
```

程序运行后，单击命令按钮，在输入对话框中分别输入 21 和 45，输出结果为_____。

(6) 若 i、n 均为整型变量，下列程序段的输出结果为_____。

```
Private Sub Form_Click()
  n=0
  For i=1 To 10
    If i Mod 2=1 Then n=n+1
  Next i
  Print n
End Sub
```

(7) Visual Basic 结构化程序设计的三种基本结构是_____、_____、_____。

(8) 要使下列 FOR 语句循环执行 20 次，循环变量的初值应当为_____。

```
For k=() to -5 step -2
```

(9) 下列 Visual Basic 程序段运行后，变量 a、b、c 的值为_____。

```
a=1: b=1: c=1
Do While   a+b+c <=10
    a=a+1
    b=b*2
    c=b/2
Loop
```

(10) 语句 Exit Sub 的作用是_____。

(11) 下列程序段执行后输出的结果是_____。

```
For k=0 To 1
  x=k^2
Next k
Print x
```

(12) 在表达式 y＝InputBox(a,b,c)中,a、b、c 分别为输入函数对话框的_____、
_____、_____。

第 **5** 章 数组

5.1 预备知识

5.1.1 数组的基本概念

1. 概念

数组是用统一的名称表示的、顺序排列的一组变量。数组允许通过同一名称引用一系列的变量，并使用一个称为"索引"或"下标"的数字进行区分。也可以说，数组是一组具有相同名字、不同下标的变量的集合。数组中的每一个数据由数组名及下标唯一地标识，称为数组元素。

2. 特性

(1) 数组由若干个数组元素组成。

(2) 数组元素在内存中有次序存放，下标代表它在数组中的位置。

(3) 数组元素数据类型相同，在内存中存储是有规律的，占连续的一段存储单元。

5.1.2 数组的定义

在 Visual Basic 中，可以用 4 个语句来定义数组，这 4 个语句格式相同，但适用范围不一样。其中：

Dim：用在窗体模块或标准模块中，定义窗体或标准模块数组，也可用在过程中。

ReDim：用在过程中。

Static：用在过程中。

Public：用在标准模块中，定义全局数组。

1. 静态数组

1) 一维静态数组

格式：

Dim 数组名([下界 to]上界)[AS<数据类型>]

作用：声明数组具有"上界－下界＋1"个数组元素，这些元素按照下标由小到大的顺序连续存储在内存中。

其中：

(1) 数组名命名要符合变量命名规则。

(2) "下界 to 上界"称为维说明，确定数组元素下标的取值范围，下界可省略，默认值为 0。但使用 Option Base n 语句可改变系统的缺省下界值。如在 Option Base 1 之后定义数组，则此数组的缺省下界为"1"（此语句只能放在窗体或模块的通用声明段中，不能出现在过程中，并且必须放在数组定义之前，而且 Option Base n 中的 n 值只能为 1 或者 0，否则会出现编译错误）。

(3) 成对出现的"下界 n"和"上界 n"中，"下界 n"必须小于"上界 n"。

(4) 数组的元素在上下界内是连续的。

(5) ［AS＜数据类型＞］指明数组元素的类型，默认为变体数据类型，一维数组如图 5.1 所示。

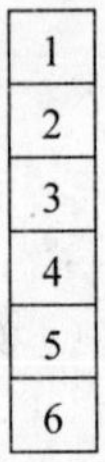

如下面的数组声明语句：

```
Dim a(1 to 6)as integer
```

声明数组 a 具有 a(1) 到 a(6) 连续的 6 个数组元素，数组元素的数据类型为整型。

```
Dim b(6)as string * 6
```

声明数组 b 具有 b(0) 到 b(6) 连续的 7 个数组元素，数组元素的数据类型为定长字符型，且能存储 6 个字符。

2) 二维静态数组

格式：

```
Dim 数组名([下界 1 to]上界 1,[下界 2 to]上界 2)[AS<数据类型>])
```

作用：声明(上界 1－下界 1＋1)×(上界 2－下界 2＋1)个连续的存储单元。

无论是一维数组还是二维数组，声明静态数组要注意如下问题：

(1) 静态数组在同一个过程只能声明一次，否则会出现"当前范围内声明重复"的提示信息。

(2) Dim 语句中的下标只能是常量，不能是变量。例如，假设 n 为变量，下面的数组声明是非法的：

```
Dim x(n)                    '维数说明不能为变量
Dim x(n+1)                  '维数说明不能为包含变量的表达式
```

错误原因：n 是变量，定长数组声明中的下标不能是变量。

定义 n 为常量后，下面定义数组是合法的：

```
Const n as Integer=6
Dim a(n)                    '维数说明为符号常量
Dim b(n+6)                  '维数说明为符号常量表达式
```

图 5.1 所示的一维数组为：

1
2
3
4
5
6

a(1 to 6)

图 5.1 一维数组

```
Dim c(0.6 * 9)                    '维数说明为常量表达式,系统会自动四舍五入并取整
```

（3）声明数组后,各数组元素的初值与声明普通变量相同。即把数值数组中的全部元素都初始化为 0,而把字符串数组中的全部元素都初始化为空字符。

（4）要注意区分"可以使用的最大下标值"和"元素个数"。"可以使用的最大下标值"指的是下标值的上界,而"元素个数"则是指数组中成员的个数。例如,在 Dim ARR(5)中,数组可以使用的最大下标值是 5,如果下标值从 0 开始,则数组中的元素为 Arr(0)、Arr(1)、Arr(2)、Arr(3)、Arr(4)、Arr(5),共有 6 个元素。在这种情况下,数组中某一维的元素个数等于该维的最大下标值加 1。如果下标从 1 开始,则元素的个数与最大下标值相同。此外,最大下标值还限制了对数组元素的引用,对于上面定义的数组,不能通过Arr(6)来引用数组中的元素。

2. 动态数组

动态数组是在声明时未给出大小的数组,而是在程序执行时分配存储空间。

创建动态数组通常分为两步,其过程如下:

（1）在窗体层、标准模块或过程中先声明一个数组（无下标值）。

在 Visual Basic 中声明动态数组的一般格式为:

```
Dim 数组名()[As 数据类型]
```

（2）在某过程中用 ReDim 再次定义已声明过的动态数组。

ReDim 使用的一般格式为:

```
ReDim [Preserve]数组名([数组的上下界声明])[As 数据类型]
```

说明:ReDim 语句是一个可执行语句,只能出现在过程中。

使用 ReDim 语句会使原来数组中的值丢失,可用 Preserve 参数（可选）保留数组中的数据,但只能改变最后一维的大小。例如:

```
Dim arr()As Integer          '在过程外声明动态数组
ReDim arr(6)                  '在过程中定义 6 个元素的数组
ReDim Preserve arr(8)        '在过程中定义 8 个元素的数组,保留数组中原有数据
```

3. 控件数组

控件数组由一组相同类型的控件组成,它们共用一个控件名称为控件数组名,每个控件都有一个唯一的索引号（即下标值）,索引号由控件的 Index 属性设置,所以通过 Index 的值来区分控件数组中的某个元素。

控件数组常用语实现菜单控件和选项按钮分组。

为了区分控件数组中的各个元素,Visual Basic 把下标值传递给一个过程。例如,在窗体上建立两个命令按钮,将它们的 Name 属性都设置为 Command。设置完第一个按钮的 Name 属性后,对第二个按钮设置相同的 Name 属性,此时 Visual Basic 弹出一个对话框,询问是否要建立控件数组。

控件数组是在设计阶段通过相同的 Name 属性来建立的,与一般的数组定义过程不同。步骤如下:

(1) 在窗体上画出作为数组元素的各个控件。

(2) 单击要包含到数组中的某个控件,将其激活。

(3) 在属性窗口选择 Name(名称)属性,并在设置框中输入控件的名称。

(4) 对每一个要加入到数组中的控件重复(2)、(3)步,设置相同的 Name 属性值,进一步确认建立控件数组。

(5) 控件数组建立以后,只要改变其中某个控件的 Name 属性值,就能把控件从控件数组中删除。

5.2 本 章 实 验

5.2.1 实验 5-1 静态数组

1. 示例实验

【实验目的】

(1) 了解一维静态数组的定义格式。

(2) 掌握一维静态数组的赋值。

(3) 掌握 Array 函数和 InputBox 函数的使用。

【实验内容】

编写一个程序求 6 组同学(每组同学个数分别为:40,50,60,68,78,88)的平均分和优秀率。

【实验分析】

(1) 在定义时确定了大小的数组称为静态数组。通常静态数组是在声明时就在内存中开辟了空间,因此它的大小是固定的。

声明一维数组的格式如下:

```
{DIM|PUBLIC|STATIC}数组名(下标)[,数组名(下标)[AS 类型]]…
```

(2) 数组的默认值下界并非一定是 0,而是可以改变的。在 Visual Basic 窗体层或标准模块层中,可以用 OPTION BASE N 语句设定数组的下界。一般情况下默认值为 0。

(3) 下标必须是常数或常数表达式,不允许是变量表达式或变量。若将程序中定义的 zu2(2)改为 zu2(a),就会出现图 5.2 所示的错误。

(4) 在数组声明语句中出现的数组名及下标表示的是不同的。

(5) 当 AS 类型缺省或数据类型为 Variant 时,都是变体类型。各个元素能够包含不同种类的数据(对象、字符串、数值等)。若要用 Array 函数给数组赋值,就必须将数组变量名定义为变体类型,否则就不能使用 Array 函数给数组赋值。若将程序中定义的 zu1 As Variant 改为 zu1(2)As Single,就会出现图 5.3 所示的错误。

图 5.2　编译错误 1

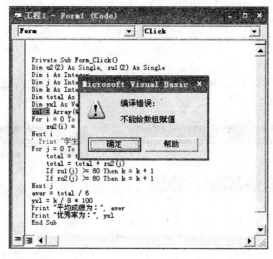

图 5.3　编译错误 2

【实验步骤】

（1）选择"开始"→"程序"→"Visual Basic 6.0 中文版"命令，启动 Visual Basic 应用程序。

（2）选择"文件"→"新建工程"命令，并将工程的名称改为"求 6 个组的平均分和优秀率"。

（3）在窗体的单击事件里添加的程序代码为：

```
Dim zu1 As Variant,zu2(3)As Single
'窗体的单击事件
Private Sub Form_Click()
Dim i As Integer
```

```
Dim j As Integer
Dim k As Integer
Dim total As Variant
Dim yxl As Variant
zu1=Array(40,50,60)
For i=0 To 2 Step 1
    zu2(i)=InputBox("请输入学生的成绩")
Next i
' Print "学生成绩"
For j=0 To 2 Step 1
    total=total+zu1(j)
    total=total+zu2(j)
    If zu1(j)>=80 Then k=k+1
    If zu2(j)>=80 Then k=k+1
Next j
aver=total/6
yxl=k/6*100
Print "平均成绩为: ",aver
Print "优秀率为: ",yxl
End Sub
```

（4）保存该程序并运行调试，单击窗体出现图 5.4 所示的界面，继续进行成绩的输入，出现图 5.5 所示界面。

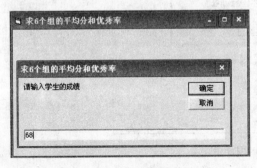

图 5.4　平均分和优秀率

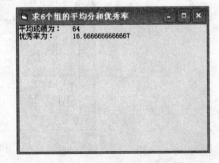

图 5.5　平均分和优秀率的运行界面

2. 实验作业

（1）随机生成 12 个三位正整数，分别赋给一个 3×4 的数组，求出每一行中最大元素，并指出该元素所在的行和列。

（2）编写程序，实现从键盘上输入若干个学生的考试成绩，统计并输出最高分和最低分，当输入负数时结束输入。

（3）用随机函数产生 50 个 10～100 之间互不相同的整数存于一数组，并以升序每行 10 个数打印输出在窗体上。

5.2.2 实验 5-2 动态数组

1. 示例实验

【实验目的】

(1) 掌握动态数组的定义。

(2) 熟练掌握动态数组元素的赋值。

(3) 学会三重循环结构的正确使用。

【实验内容】

输出大小可变的正方形数字矩阵,如图 5.6 所示。方阵每圈为一层,最外圈为第一层,要求每一层用的数字与层数相同。

【实验分析】

(1) 最外层是第一层,要求每一层上用的数字与层数相同。

(2) 此实验中的动态数组,在 Dim 声明时,不要声明数组的大小和维数,在以后的程序中可以用 ReDim 语句重新声明数组的维数和大小,ReDim 语句中的下标可以出现赋了值的变量。

图 5.6 方阵事例

【实验步骤】

(1) 新建一个标准 EXE 工程。

(2) 在窗体上放置一个命令按钮、一个文本框和一个标签,程序运行后窗体界面如图所示。

(3) 按照表 5-1 所示设置各控件的主要属性,其他属性取其默认值。

表 5-1 属性设置

对　象	Name	Caption
Form1	默认对象名称	方阵事例
Command1	默认对象名称	生成
Label1	默认对象名称	输入需产生的方阵行数:

(4) 程序代码。

```
Option Base 1

'"生成"按钮的单击事件
Private Sub Command1_Click()
Dim a()As Integer
Dim i%,j%,k%,n%
n=Val(Text1.Text)
ReDim a(n,n)                        '定义一个 n×n 的二维数组
```

```
For i=1 To(n+1)\ 2                          '生成方阵数组
    For j=i To n-i+1
        For k=i To n-i+1                     '从外到里用数组中元素存放对应的数字
        a(j,k)=i
        Next k
    Next j
Next i
For i=1 To n                                 '打印并在窗体输出方阵
    For j=1 To n
        Print Tab(j * 3);a(i,j);
    Next j
    Print
Next i
End Sub
```

（5）保存窗体。

（6）运行调试程序，直到满意为止。

2. 实验作业

（1）编一程序，打印一个 7 行符合杨辉三角形的数据列（如图 5.7 所示）。

提示：杨辉三角形需要满足以下几个规则：

① 每行数字左右对称，由 1 开始逐渐变大，然后变小，回到 1。

② 第 n 行的数字个数为 n 个，并且数字和为 $2^{(n-1)}$。

③ 每个数字等于上一行的左右两个数字之和。

④ 第 n 行的第 1 个数为 1，第 2 个数为 $1×(n-1)$，第 3 个数为 $1×(n-1)×(n-2)/2$，第 4 个数为 $1×(n-1)×(n-2)/2×(n-3)/3$，以此类推。

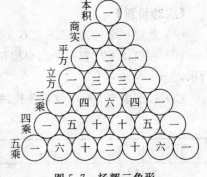

图 5.7　杨辉三角形

（2）编一程序，把一个 m 行 n 列矩阵中的元素存放在一个二维数组中，并求出该数组的平均值、最大值和最小值。

5.2.3　实验 5-3　控件数组

1. 示例实验

【实验目的】

（1）掌握按钮控件的基本属性设置。

（2）熟练掌握控件数组的建立与编程使用。

（3）学会正确应用控件数组来解决实际问题。

【实验内容】

（1）窗体的标题为"电话拨号器"，窗体固定边框。

（2）窗体上有一个文本框，设置最多接受 11 个字符；Font：隶书、粗体、20 磅；文字颜色为蓝色。

（3）用命令按钮组 Command1(0)～Command1(9)构成数字键，数字键标题正好和命令按钮数组的下标一致，单击数字键按钮，将拨号的内容显示在文本框中。

（4）单击"拨号"按钮，再现原来的拨号过程；单击"重拨"按钮，可清空文本框；单击"退出"按钮，结束程序。

【实验分析】

（1）控件数组元素可以通过 Load 和 Unload 方法添加和删除。

（2）"拨号"的功能通过 DoEvents 交给操作系统来完成。

【实验步骤】

（1）新建一个标准 EXE 工程。

（2）在窗体上放置一个命令按钮，然后使用赋值控件的方法创建其他 9 个按钮，并设置它们的 Caption 属性与它们自己的 Index 属性相同。

（3）在窗体上放置一个文本框和三个命令按钮，界面如图 5.8 所示。

（4）按照表 5-2 设置各控件的主要属性，其他属性取默认值。

图 5.8　电话拨号器

表 5-2　属性设置

对　象	Name	Index 属性	Caption	其他属性
Form1	默认对象名称	无定义	电话拨号器	BorderStyle＝3
Command1	默认对象名称	0～9	"0"～"9"	无
Command2	默认对象名称	无定义	拨号	无
Command3	默认对象名称	无定义	重拨	无
Command4	默认对象名称	无定义	退出	无
Text1	默认对象名称	无定义	无定义	在 Load 事件设置

（5）程序代码。

```
Private Sub Command1_Click(Index As Integer)        '拨号
Text1=Text1 & Index
End Sub


Private Sub Command3_Click()                         '重新拨号
Text1.Text=""
End Sub


Private Sub Command2_Click()                         '拨号
Dim startt As Long,num As String
```

```
num=Text1
Text1.Text=""
For i=1 To Len(num)
    startt=Timer                            'timer 函数代表从午夜开始到现在经过的秒数
    Do Until(Timer-startt)>=0.5             '延时 0.5s
        DoEvents                            'doevents 将控制权传给操作系统
    Loop
    Text1.Text=Text1.Text & Mid(num,i,1)
Next i
End Sub

Private Sub Command4_Click()
End
End Sub

Private Sub Form_Load()                     '设置文本框的基本属性
Text1.MaxLength=11                          '只能接受 11 个字符
Text1.FontName="隶书"
Text1.FontBold=True
Text1.FontSize=20
Text1.ForeColor=vbBlue
End Sub
```

(6) 保存窗体。

(7) 运行调试程序,直到满意为止。

调试:在主菜单的运行项单击"启动"按钮,进入运行状态。单击"添加"按钮、"删除"按钮和"退出"按钮及文本框控件组并观察输出结果。如出现错误,则需要单击"结束"按钮并反复调试程序,直到得到正确结果。

运行:调试后,按 F5 键运行程序,查看结果,如图 5.8 所示。

2. 实验作业

(1) 编写一个利用控件数组的实例,如图 5.9 所示,在窗体上添加一个命令按钮和一个单选按钮,设置单选按钮的 Index 值为 0,即默认可以创建该控件的一个数组,Name 值为 opt,通过单击命令按钮来添加单选按钮,最多添加 10 个,并且选中单选按钮后,在窗体上显示相应的 Index 值。

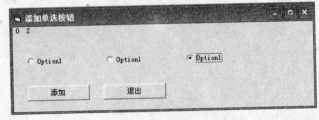

图 5.9　单选按钮添加

分析：单选按钮的单击事件是用来增加单选按钮,每单击一次命令按钮,用 Load 方法为控件数组 opt 添加一个元素。新增加的元素位于原控件的右侧,其 Visual 属性被设为 True。控件数组最大下标值为 10,因此最多可以增加到 10 个单选按钮,超过 10 个后,将通过 Exit Sub 语句退出该事件过程。单选按钮事件将用来输出不同的 Index 值。

（2）编写程序,设计图 5.10 所示的界面,向原有文本框控件数组中添加或删除控件数组元素。控件数组元素不能超过 5 个。

要求：单击"添加"按钮,添加控件数组元素;单击"删除"按钮,删除选中的控件;单击文本框,将在界面上显示当前选中的文本框;单击"退出"按钮,退出程序。

（3）设计窗体如图 5.11 所示,使用命令按钮控件数组分别控制文本框的字体。

图 5.10 控件添加

（4）创建一个单选按钮控件数组,包含 6 个单选按钮。程序运行时,当选中某个单选按钮时,给标签上的文字选择某一种颜色,界面如图 5.12 所示。

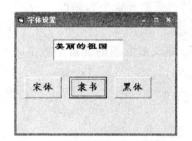

图 5.11 字体设置

图 5.12 颜色设置

提示：

红：RGB(255,0,0);黄：RGB(255,255,0);蓝：RGB (0,0,255);
绿：RGB(0,255,0);白：RGB(255,255,255);黑：RGB (0,0,0)。

5.2.4 拓展实验

设计图 5.13 所示的界面,随机产生 10 个任意的两位正整数存放在一维数组中,求数组的最大值、平均值,并能实现将数据按升序排列,并且使用 InputBox 函数插入一个新数据,使数组仍然升序排列,结果显示在图片框中。

提示：此题目中涉及数据排序的问题。在数组中查找某数 x,顺序查找(把 x 与 a 数组中的元素从头到尾一一进行比较查找)。

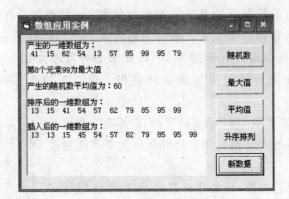

图 5.13　数组应用实例

5.3　本章习题

1. 单选题

(1) 用语句 Dim A(−3 To 3)As Integer 定义的数组的元素个数是(　　)。

　　A. 5　　　　　　　B. 6　　　　　　　C. 7　　　　　　　D. 8

(2) 用语句 Dim B(−3 To 1,2 To 6)As Integer 定义的数组的元素个数是(　　)。

　　A. 10　　　　　　B. 9　　　　　　　C. 20　　　　　　D. 25

(3) 用下面语句定义的数组的元素个数是(　　)。

```
OPTION BASE 0
Dim C(1,6) As Integer
```

　　A. 7　　　　　　　B. 6　　　　　　　C. 14　　　　　　D. 12

(4) 以下定义数组或给数组元素赋值的语句中,正确的是(　　)。

　　A. Dim s As Variant

　　　　s＝Array("a","b","c")

　　B. Dim s%(6)

　　　　s＝"hello"

　　C. Dim s(5) As Variant

　　　　s＝Array("a","b","c")

　　D. Dim s(5) As Variant

　　　　　s＝Array(1,2,3)

(5) 在窗体上有一个命令按钮和一个文本框,其名称分别为 Command1 和 Text1,然后编写如下事件过程:

```
Private Sub Command1_Click()
```

```
Dim a1(6),a2(6)
For i=1 To 6
    a1(i)=4*i
    a2(i)=a1(i)*2
Next i
    Text1.Text=Str(a2(i/2-0.1))
End Sub
```

程序运行后,单击命令按钮,文本框中显示的是(　　)。

A. 24　　　　　　B. 42　　　　　　C. 36　　　　　　D. 48

(6) 在窗体上有一个命令按钮,其名称为 Command1,然后编写如下代码:

```
Option Base 0
Private Sub Command1_Click()
Dim s
s=Array("1","2","3","4","5","6","7","8")
Print s(1); s(3); s(5)
End Sub
```

程序运行后,单击命令按钮,其输出结果是(　　)。

A. 246　　　　　B. 135　　　　　C. 123　　　　　D. 出错

(7) 在窗体上有一个命令按钮名称为 command1,编写如下事件过程:

```
Private Sub Command1_Click()
Dim stu(10,10)As Integer
Dim i,j As Integer
For i=1 To 3
    For j=2 To 4
        stu(i,j)=i+j
    Next j
Next i
Print stu(2,3)+stu(3,4)
End Sub
```

程序运行后,单击命令按钮,在窗体上显示的值是(　　)。

A. 11　　　　　　B. 12　　　　　　C. 13　　　　　　D. 14

(8) 假定通过复制、粘贴建立了一个命令按钮数组 command1,则以下说法中错误的是(　　)。

A. 数组中每个命令按钮的名称(Name 属性)均为 Command1

B. 数组中每个命令按钮的大小都一样

C. 数组中每个命令按钮可以使用同一个事件过程

D. 用名称 Command1 可以访问数组中每个命令按钮

(9) 下面的语句用 Array 函数为数组 a 的各元素赋整数值:a＝Array(1,2,3,4,5,6,

7,8,9,0)对数组变量 a 的正确定义是(　　)。

    A. Dim a　　　　　　　　　　B. Dim a As Integer

    C. Dim a(10) As Integer　　　D. Dim a ( ) As Integer

(10) 在窗体上添加三个单选按钮,组成一个名为 chkOption 的控件数组。用于标识控件数组中元素的参数是(　　)。

    A. Tag　　　　　　　　　　B. Index

    C. ListIndex　　　　　　　　D. Name

(11) 以下说法不正确的是(　　)。

    A. 使用 ReDim 语句可以改变数组的维数

    B. 使用 ReDim 语句可以改变数组的类型

    C. 使用 ReDim 语句可以改变数组每一维的大小

    D. 使用 ReDim 语句可以改变数组中的所有元素进行初始化

(12) 以下关于数组的描述正确的是(　　)。

    A. 数组的大小是固定的,但可以有不同类型的数组元素

    B. 数组的大小是可变的,但所有数组元素的类型必须相同

    C. 数组的大小是固定的,所有数组元素的类型必须相同

    D. 数组的大小是可变的,但可以有不同类型的数组元素

(13) 定义有 5 个整型元素的数组,正确的语句是(　　)。

    A. Dim a(4) As Integer

    B. Option Base; Dim a(5)

    C. Dim a&(4)

    D. Dim a(5) As Integer

(14) 在使用动态数组时,如果改变数组的大小而又不丢失数组中的数据,应使用具有(　　)关键字的 ReDim 语句。

    A. Private　　　　　　　　　B. Preserve

    C. Public　　　　　　　　　　D. Static

(15) 以下有关控件数组的说法错误的是(　　)。

    A. 控件数组由一组具有共同名称和相同类型的控件组成

    B. 控件数组中的每一个控件共享同样的事件过程

    C. 控件数组中的每个元素的下标由控件的 Index 属性指定

    D. 同一控件数组中的元素只能有相同的属性设置值

(16) 以下程序段的执行结果是(　　)。

```
Dim A(1 TO 10)
For i=1 to 10
    A(i)=2 * i
Next i
Print A(A(3))
```

A. 12   B. 6   C. 8   D. 16

（17）运行下列程序会出现错误信息提示,产生的原因是（   ）。

```
Private Sub Form_Click()
x=5
Dim arr(x)
For i=1 To 6
Print arr(i)
Next i
End Sub
```

    A. 数组元素 arr(i)的下标越界

    B. 变量 x 没有定义

    C. 循环变量的范围越界

    D. Dim 语句中不能用变量 x 来定义数组的下标

（18）设有数组说明语句 Dim c(−1 to2,1 to5),则下列表示数组 c 的元素选项中正确的是（   ）。

    A. c(i+j)   B. c(i)(j)

    C. c(i+1,i−11)   D. c(1,0)

（19）若有数组说明语句 Dim a() AS Integer,则 a 被定义为（   ）。

    A. 定长数组   B. 可调数组

    C. 静态数组   D. 可变类型数组

（20）若有数组说明语句 Dim t(1 to 10) AS Variant,则 t 被定义为（   ）。

    A. 数值数组   B. 可调数组

    C. 字符串数组   D. 可变类型数组

（21）要分配存放如下方阵的数据,正确且最节约存储空间的数组声明语句是（   ）。

1.1 2.2 3.3
  4.4 5.5 6.6

    A. Dim a(6)As Single

    B. Dim a(2,3)As Single

    C. Dim a(2 to 3,−3 to−1)As Single

    D. Dim a(1,2)As Integer

（22）下面说法正确的是（   ）。

    A. ReDim 语句只能更改数组下标上界

    B. ReDim 语句只能更改数组下标下界

    C. ReDim 语句不能更改数组维数

    D. ReDim 语句可以更改数组维数

(23) 下面错误的程序段是(　　　)。

A. Dim a(5) As Integer

    For i＝1 to 5

        a(i)＝i

    Next i

    a(i)＝10

B. Dim a(5) As Integer

    Dim S $

    a(1)＝"a"

    a(2)＝"b"

C. Dim a( ) As Integer

    ReDim a(5) As single

    a(1)＝4.5

D. Dim a(5) As Integer

    for i＝0 to Ubound(a)

        a(i)＝2 * i＋1

    next i

(24) 下面关于静态数组下标的叙述中,不正确的是(　　　)。

A. 下标必须是常数,不能是变量或表达式

B. 下标下界最小为－32 768,下标上界最大为 32 767

C. 省略下界,一般系统默认为:下界是 0

D. 下标可以是字符型

(25) 设有下列程序:

```
Option Base 0
Private Sub Command1_Click()
Dim x
Dim i As Integer
x=Array(1,3,5,7,9,31,13,15)
For i=1 To 3
Print x(5 - i);
Next
End Sub
```

程序运行后,单击按钮在窗体上显示的是(　　　)。

A. 5 3 1　　　　　B. 7 5 3　　　　　C. 9 7 5　　　　　D. 31 9 7

(26) 下列程序:

```
Option Base 1
Private Sub Command1_Click()
```

```
Dim x(30)
Dim i As Integer
For i=1 To 30
x(i)=30-i+i Mod 2
Next
For i=30 To 22 Step -2
Print x(i);
Next
End Sub
```

运行后输出的结果是(   )。

A. 0 2 4 6 8

B. 9 7 5 3 1

C. 8 6 4 2 0

D. 1 3 5 7 9

(27) 在运行下面的程序时会显示出错信息,出错的原因是(   )。

```
Private Sub Command1_Click()
x=5
Dim a(x)
For m=0 To 5
a(m)=m+1
Next
End Sub
```

A. 第四行数组元素 a(m)下标超过上界

B. 第二行数组定义语句不能用变量来定义下标

C. 第四行不能用循环变量 m 进行运算

D. 程序无错,可能是计算机病毒

(28) 下列程序:

```
Private Sub Command1_Click()
Dim arr() As Integer
Dim i As Integer
ReDim arr(1 To 5)
For i=1 To 5
arr(i)=i
Next
ReDim Preserve arr(1 To 6)
Print arr(1); arr(6)
End Sub
```

运行程序,输出的结果是(   )。

A. 0 0   B. 1 0   C. 1 6   D. 0 6

2. 填空题

(1) 如图 5.14 所示，输出其中的下三角元素。

```
Option Base 1
Dim a(5,5)
Private Sub Form_Click()
For i=1 To 5
    For j=1 To _____
        a(i,j)=_____
        Print a(i,j); "";
    Next j
    _____
Next i
End Sub
```

(2) 数组的下标可取的变量类型是_____。

(3) 若要定义一个包含 10 个字符串元素，且下界为 1 的一维数组 a，则数组定义语句为_____。

(4) Visual Basic 允许使用的数组的最大维数是_____。

(5) 在过程中定义 Dim x(10) As single，则数组占用_____字节的内存空间。

(6) 控件数组中的各个元素由_____属性决定。

(7) 建立控件数组有两种方法：在设计阶段通过相同 Name 属性值来建立和_____。

(8) 建立一个 5 行 5 列的二维数组，输出结果如图 5.15 所示。

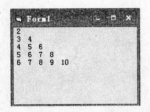

图 5.14 下三角形

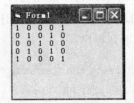

图 5.15 二维数组

```
Private Sub Form_Click()
Dim i As Integer,j As Integer,a(5,5)As Integer
For i=1 To 5
    For j=1 To 5
        If _____ Or _____ Then
            a(i,j)=1
        Else
            a(i,j)=0
        End If
```

```
        Print a(i,j);
    Next j
    Print
Next i
End Sub
```

（9）控件数组由一组类型和相同_____的控件组成,共享同一个事件过程。

（10）若要定义一个元素为整型数据的二维数组 a,且第一维的下标从 0～5,第二维下标从－3～6,则数组说明语句为_____。

（11）为了用 Array 函数建立数组,所定义的数组变量必须是_____类型。

（12）在窗体上添加一命令按钮,其名为默认值,事件编写代码如下,单击命令按钮,其输出结果是_____。

```
Private Sub Command1_Click()
Dim arr(5)As Integer,arr1(5)As Integer
n=3
For i=1 To 5
    arr(i)=i
    arr1(n)=2 * n+i
Next i
Print arr1(n); arr(n)
End Sub
```

（13）Visual Basic 的数组下标默认为_____,可通过_____语句使数组下标从 1 开始。

（14）用 Dim a(2,2 to 3) AS Single 语句定义的数组占_____字节。

（15）设 dim a(10,5),则 Lbound(a)=_____,Ubound(a)=_____。

（16）设 a＝Array(1,2,3,4,5),则 a(4)=_____。

（17）下面一段程序是对数组排序:

```
Dim a(6)as integer
Dim i%,j%,k%,t%
a=Array(8,6,9,3,2,7)
for i=1 to 5
_____
    for j=i+1 to 6
        If a(k)<a(j)then
            k=j
        end if
    next j
if _____ then
t=a(k):a(k)=a(i):a(i)=t
end if
next i
```

(18) 下列程序的输出结果是_____。

```
Private Sub Command2_Click()
Dim a
ReDim a(6)
For j=1 To 5
    a(j)=j^2
Next j
Print a(a(2) * a(3)-a(4) * 2)+a(5)
End Sub
```

(19) 假设定义了一个数组 arr(1 to 5,1 to 30)，则 UBound(arr,2)的值是_____。

(20) 设有数组说明语句 Dim a(−1 To 5 ，−2 To 0)，则数组 a 中的元素个数是_____。

第 **6** 章　过　程

6.1　预　备　知　识

Visual Basic 按功能把程序分成很多个模块,每一个模块分为很多个相互独立的过程,每个过程完成一个特定目的的任务。Visual Basic 除了系统提供的内部函数过程和事件过程外,还允许用户根据各自的需要自定义过程。使用过程的优点是降低程序设计的难度,使程序更加容易阅读和理解,提高程序的可维护性等。本章主要介绍了自定义过程中的 Sub 子过程和 Function 函数过程。

6.1.1　Sub 子过程

1. 定义

Sub 子过程的语法是:

```
[Private|Public][Static]Sub 子过程名([形式参数列表])
    语句
End Sub
```

上面形式参数列表的格式为[ByVal|ByRef]变量名[()][As 数据类型]。关键字 ByVal 表示按值传递,ByRef 表示按地址传递。变量名后跟括号表示数组参数。

子过程的定义可以在"代码"窗口输入过程头并按下 Enter 键,系统自动添加 End Sub 语句;也可以通过选择"工具"→"添加过程"命令,在弹出的对话框中完成。

2. 调用

过程的调用与过程的类型、位置以及在应用程序中的使用方式有关。调用 Sub 过程有两种方法:使用 Call 语句调用和直接调用。

(1) 使用 Call 语句调用,格式如下:

```
Call<过程名>([实参表])
```

例如,使用 call 语句调用自定义的过程 s1,调用格式为 call s1(x,y)。需注意的是,参数 x,y 必须在括号内。

（2）直接调用，格式如下：

<过程名> [实参表]

例如，直接调用上面的自定义过程 s1，调用格式为 s1 x,y。需注意的是，调用时必须省略参数两边的括号，并且过程名与参数之间使用空格分隔，参数之间用逗号分隔。

每次调用过程都会执行 Sub 和 End Sub 之间的语句。可以将子过程放入标准模块、类模块和窗体模块中。按照缺省规定，所有模块中的子过程为 Public(公用的)，这意味着在应用程序中可随处调用它们。

6.1.2 Function 函数过程

1. Function 函数过程定义

函数过程的语法格式是：

```
[Private|Public][Static]Function 函数名(形式参数列表) [As 函数类型]
    语句
    函数名=表达式
End Function
```

2. Funciton 函数过程调用

调用 Funciton 过程的方法与调用 Visual Basic 内部函数的方法一样，可以在表达式中直接使用，形式如下：

<函数过程名>([实参表])

例如，调用自定义 Function 函数过程 f1，调用格式为 a＝f1(x,y)。

另外，也可以像调用 Sub 过程一样，但此时 Visual Basic 将放弃函数返回值。

3. Function 函数过程的特点

（1）一般来说，语句或表达式的右边包含函数过程名和参数，这就调用了函数。

（2）与变量完全一样，函数过程有数据类型，其决定了返回值的类型。如果没有 As 子句，缺省的数据类型为 Variant。

（3）给函数名自身赋一个值，就可返回这个值。

例如，下面是已知直角三角形两直角边的值，计算第三边(斜边)的函数：

```
Function Hypotenuse(A As Integer,B As Integer)As Double
Hypotenuse=Sqr(A^2+B^2)
End Function
```

6.1.3 参数传递

一般在事件过程中调用 Sub 子过程或 Function 函数过程，调用时实参已有确定的值传递给形参,参数传递的方式有两种:按数值传递和按地址传递。

(1) 按值(ByVal)传递:是单向传递。参数在传递时,实参把值赋给形参后就没有联系了,此时形参在内存中有自己的内存单元,它的值的变化也只是影响自己的内存单元中的值,与实参毫无关系。按值传递的优点是传递参数比按地址(ByRef)快,如果过程中不需改变参数的值,尽量采用按值(ByVal)来传递。

(2) 按地址(ByRef)传递:是双向传递。参数在传递时,实参把地址传递给形参,形参在内存中没有自己的内存单元,所以实参与形参共用同一个内存中的地址。即调用时实参将值传递给形参,调用结束时由形参将操作结果返回给实参。按地址传递参数使过程用变量的内存地址去访问实际变量的内容,这是 Visual Basic 默认的参数传递方式。

"形实结合"的原则是参数的个数相同,类型一致。按值传递时,将实参的值传递给形参,若类型不一致,Visual Basic 将自动转换,实参的值保持不变;按地址传递时,实参和形参的类型必须完全一样,否则出错。

当实参为常量或表达式时,不管形参前是 ByVal 还是 ByRef,Visual Basic 始终用"按值传递"方式处理,类型不一致则自动转换。数组作为参数时只能按地址传递,且类型要一致。

6.1.4 变量的作用域

Visual Basic 的应用程序由若干个过程组成,这些过程一般保存在窗体文件或者标准模块文件中。变量在过程中是必不可少的。一个变量、过程随所处的位置不同,可被访问的范围不同,变量、过程可被访问的范围称为变量的作用域。变量的作用域分为局部变量、窗体/模块级变量和全局变量。

1. 局部变量

过程内使用 Dim 语句声明的变量,或者不加声明直接使用的变量都称为局部变量,它只能在本过程中使用,其他的过程中不可访问。局部变量随过程的调用而分配存储单元,并进行变量的初始化,在此过程体内进行数据的存取,一旦该过程体结束,变量的内容自动消失,占用的存储单元释放。不同的过程中可有相同名称的变量,彼此互不相干。局部变量的使用有助于程序的调试。

2. 窗体/模块级变量

在一个窗体/模块的任何过程外,即在"通用声明"段中用 Dim 语句或用 Private 语句声明的变量,可被本窗体/模块的任何过程访问。

3. 全局变量

只能在标准模块的任何过程或函数外,即在"通用声明"段中用 Public 语句声明的变量,可被应用程序的任何过程或函数访问。全局变量的值在整个应用程序中始终不会消失或重新初始化,只有当整个应用程序执行结束时才会消失。

6.2 本章实验

6.2.1 实验 6-1 子过程

1. 示例实验

【实验目的】

(1) 掌握 Sub 子过程的定义和调用方法。

(2) 掌握 Sub 子过程调用时参数的设定。

(3) 掌握 Sub 子过程形参与实参结合时的数据传递。

【实验内容】

求因子。任意输入一个正整数,编写一个 Sub 过程 Gene,找出它的所有因子(包括 1,不包括本身)。要求:

(1) 通过文本框 Text1 输入一个正整数,通过文本框 Text2 输出它的所有因子。

(2) 程序运行时,焦点首先置于 Text1 中。

(3) 单击"求因子"按钮,将求出该正整数的所有因子并显示在 Text2 中;单击"清除"按钮,将清除两个文本框中的内容,并将焦点置于 Text1 中;单击"退出"按钮,将从内存中卸载本窗体,结束程序的运行。程序运行界面如图 6.1 所示。

图 6.1 "求因子"运行界面

【实验分析】

一个正整数 N 的因子就是能被 N 整除的数,用穷举法使 i 从 1 变化到 N−1,若 N 除以 i 的余数为 0(N mod i = 0),则 i 为 N 的因子。

要用一个通用 Sub 过程来求一个正整数的因子,必须在定义过程时设定一个传值形参来接受这个正整数。在求解过程中,每找到一个因子,可以将该因子转换成字符串连接到一个字符串变量中。因为 Sub 过程本身并不返回值,所以要将含有因子信息的字符串变量返回给主调程序,可在定义过程时将该字符串变量设定为传址形参。

程序运行时,要将焦点首先置于 Text1 中,有两种解决方法:一是在窗口属性中将 Text1 对象的 TabIndex 属性设置为 0;二是在窗体的 Activate 事件中写入以下代码:

```
Text1.SetFocus
```

需要注意的是,以上代码不能写在窗体的 Load 事件中,因为窗体在显示之前是不能使用对象的 SetFocus 方法的,否则将发生"无效的过程调用或参数"的运行错误。

【实验步骤】

(1) 界面设计。

参照图 6.1 所示的界面设计窗体,包括添加 2 个标签,2 个框架,2 个文本框,3 个命令按钮,并按图修改相关控件的属性。

（2）程序代码设计。

```
Private Sub Command1_Click()                          '"求因子"按钮
    Dim Inta As Integer,St As String
    Inta=Val(Text1.Text)
    Call Gene(Inta,St)                                '调用求因子的通用过程 Gene
    Text2.Text=St
End Sub


Private Sub Gene(ByVal N As Integer,ByRef S As String)'求因子的 Sub 过程
    Dim i As Integer
    For i=1 To N-1
        If N Mod i=0 Then S=S & Str(i)                '将因子连接成一个字符串
    Next i
End Sub


Private Sub Command2_Click()                          '"清除"按钮
    Text1.Text=""                                     '清除文本框 1
    Text2.Text=""                                     '清除文本框 2
    Text1.SetFocus                                    '文本框 1 得到焦点
End Sub


Private Sub Command3_Click()                          '"退出"按钮
    End
End Sub
```

（3）运行工程并保存文件。

运行程序,输入一个正整数,观察运行结果是否正确,最后将窗体文件保存为"求因子.frm",工程文件保存为"求因子.vbp"。

2. 实验作业

（1）新建窗体,添加一个命令按钮 Command1,标题为"两数交换",其对应的事件过程为:

```
Private Sub Command1_Click()
    Dim a%,b%
    a=3
    b=4
    Call swap(a,b)
    Print a,b
End Sub
```

编写一子过程 swap(a,b),其功能为实现两数的交换。要求分别用传值和传址两种方式实现参数的传递,并比较其结果正确与否。

(2) 编写一子过程 Equa(a As Single,b As Single,c As Single,x1,x2),用来求出一元二次方程 $ax^2+bx+c=0$ 的解 x1,x2。要求:a,b,c 从窗体输入,x1,x2 从窗体输出。运行时如图 6.2 所示。

提示:

一元二次方程 $ax^2+bx+c=0$ 的解通常有以下几种可能:

① 当 $b^2-4ac=0$ 时,方程有两个相等的实根。

② 当 $b^2-4ac>0$ 时,方程有两个不相等的实根。

③ 当 $b^2-4ac<0$ 时,方程有两个共轭复根。

(3) 编写一子过程 Fibonacci(N As Integer),输出斐波那契数列的前 N 项值。要求:新建窗体,添加一标签文件,一个文本框,用来输入斐波那契数列的个数,一个图像框,用来显示序列中的各值,以及一个命令按钮。运行效果如图 6.3 所示。

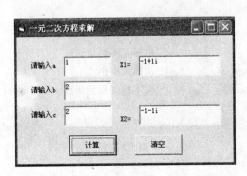

图 6.2 "一元二次方程求解"运行界面

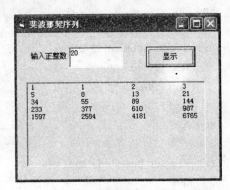

图 6.3 "斐波那契序列"运行界面

提示:斐波那契数列的构成规律是:数列的第 1,2 个数是 1,从第 3 个数起,每个数是其前面两个数之和。因此,使用 For 循环来计算斐波那契数列前 N 项的值。

6.2.2 实验 6-2 函数过程

1. 示例实验

【实验目的】

(1) 掌握 Function 过程的概念和定义方法。

(2) 掌握调用 Function 过程的方法。

(3) 掌握 Function 过程中形参与实参结合时的数据传递。

【实验内容】

编写一个 Function 过程 Gcd,用来求解两个正整数的最大公约数,例如 24 和 18 的最大公约数。要求:在窗体的 Text1 和 Text2 文本框中任意输入两个正整数,求出它们的最大公约数,并将结果显示在 Text3 中,第三个文本框要求设置为只读。程序运行界面如图 6.4 所示。

【实验分析】

求解两个正整数 a 和 b 的最大公约数主要有以下两种算法:

方法一:根据数学中对最大公约数的定义,设计算法如下:

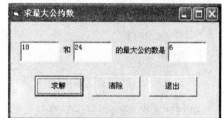

图 6.4　"求最大公约数"运行界面

S1:使 x=a;

S2:若 a 和 b 除以 x 的余数都是 0,则转 S4,否则转 S3;

S3:使 x=x−1,转 S2(循环);

S4:输出 x,x 即为 a 和 b 的最大公约数;

S5:算法结束。

方法二:辗转相除法(即欧几里得算法),算法如下:

S1:求出 a 和 b 的余数 r;

S2:使 a=b;

S3:使 b=r;

S4:若 r=0,则转 S5,否则转 S1(循环);

S5:输出 a,a 即是 a 和 b 的最大公约数;

S6:算法结束。

要将一个文本框设置为只读,只要将文本框的 Locked 属性设置为 True。

【实验步骤】

(1)界面设计。

参照图 6.4 所示的界面设计窗体。先添加 3 个文本框控件,2 个标签控件和 3 个命令按钮控件,并按图设置相关属性。

(2)程序代码设计(本例代码按第一种算法编写,感兴趣的读者可参照算法 2 自己编写代码)。

```
Private Sub Command1_Click()
    Dim c As Integer
    Dim x As Single,y As Single
    x=Val(Text1.Text)
    y=Val(Text2.Text)
    c=Gcd(x,y)
    Text3.Text=c
End Sub

Function Gcd(ByVal a As Integer,ByVal b As Integer)As Integer
    Dim x As Integer
    For x=a To 1 Step-1
```

```
            If a Mod x=0 And b Mod x=0 Then
                Gcd=x
                Exit For
            End If
        Next x
End Function


Private Sub Command2_Click()
    Text1.Text=""
    Text2.Text=""
    Text3.Text=""
    Text1.SetFocus
End Sub


Private Sub Command3_Click()
    End
End Sub
```

2. 实验作业

(1) 编写一个 Function 函数过程 Fact(ByVal N As Integer),计算一个正整数 N 的阶乘,并返回结果。运行时在第一个文本框内输入一个正整数,然后单击"计算结果"按钮,调用 Fact 函数过程进行运算,并将结果显示在第二个文本框中。运行结果如图 6.5所示。

(2) 完数是指一个整数的所有因子(包括 1,但不包括本身)之和与该数相等。例如,6＝1＋2＋3,所以 6 是一个完数。编写一个函数 Isws(ByVal N As Integer),判断正整数N 是否为完数,函数的返回值是一个逻辑型,如果是完数返回 True,否则返回 False。运行时,单击"显示"按钮,在列表框内显示 1000 以内的所有完数。运行结果如图 6.6所示。

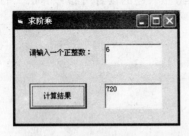

图 6.5 "求阶乘"运行界面

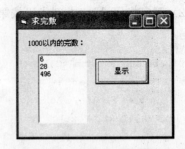

图 6.6 "求完数"运行界面

提示:判断一个数 m 是否是完数,算法思想是:将 m 依次除以 1～m/2,如果能整除,就是 m 的一个因子,进行累加,循环结束,若 m 与累加因子之和相等,m 就是完数。

(3) 水仙花数是指 N 的各位数字的立方和等于 N,例如 153 就是水仙花数,因为 $153＝1^3＋5^3＋3^3$。编写一个 Function 函数过程 Narcissusr(ByVal N As Integer),判断

正整数 N 是否为水仙花数,若 N 是水仙花数,函数返回 True,否则返回 False。运行时单击"显示"按钮,使用 print 方法在窗体上打印 100～999 之间的所有水仙花数,如图 6.7 所示。

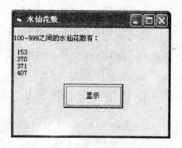

提示:判断一个数是否水仙花数,关键是如何将一个数值各位上的数字取出。一种方法是将数值转换为字符型,然后使用 mid 函数依次取出各位的数字,再重新将各数字转换为数值型,并进行立方和运算。另一种方法是利用数学的方法,分别计算出各位的数字,然后直接进行立方和运算。

图 6.7 "水仙花数"运行界面

6.2.3 拓展实验

编写程序求 S=A!+B!+C!。阶乘的计算分别用 Sub 过程和 Function 过程两种方法来实现,形式参数由自己确定。设计界面和运行界面分别如图 6.8 和图 6.9 所示。

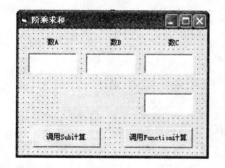

图 6.8 设计界面

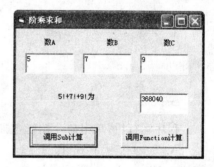

图 6.9 运行界面

6.3 本章习题

1. 单选题

(1) 如果要在程序中将 c 定义为静态变量,且为整型,则应使用的语句是( )。

    A. Redim a As Integer   B. Static a As Integer

    C. Public a as Integer   D. Dim a As Integer

(2) 声明一个变量为局部变量应该用( )。

    A. Global   B. Private   C. Static   D. Public

(3) 要强制显式声明变量,可在窗体模块或标准模块的声明段中加入语句( )。

    A. Option Base 0   B. Option Explicit

    C. Option Base 1   D. Option Compare

(4) 下面定义过程的语句正确的有( )。

① Private Sub F1(x As Integer)

② Private Sub F1(x As Integer) As Integer

③ Private Function F1(x As Integer)

④ Private Function F1(x As Integer)

A. ①③④   B. ①②③④   C. ②③④   D. ①④

(5) 假定有如下的 Sub 过程：

```
Sub S(x As Single,y As Single)
    t=x
    x=t/y
    y=t mod y
End Sub
```

在窗体上添加一个命令按钮，然后编写如下事件过程：

```
Private Sub Command1_Click()
    Dim a As Single
    Dim b As Single
    a=5
    b=4
      S a,b
      Print a,b
End Sub
```

程序运行后，单击命令按钮，输出结果为（   ）。

A. 5 4   B. 1 1   C. 1.24 4   D. 1.25 1

(6) 在 Visual Basic 程序设计中，可以通过过程名返回值，但只能返回一个值的过程是（   ）。

A. Sub   B. Sub 或 Function

C. Function   D. Sub 和 Function

(7) 为达到把 a,b 中的值交换后输出的目的，某人编程如下：

```
Private Sub Command1_Click()
    Dim a%,b%
      a=10
      b=20
      Call swap(a,b)
      Print a,b
End Sub
Private Sub swap(ByVal a As Integer,ByVal b As Integer)
    c=a:a=b:b=c
End Sub
```

在运行时发现输出结果错了，需要修改。下面列出的错误原因和修改方案中正确的是（   ）。

A. 调用 swap 过程的语句错误,应改为 Call swap a,b

B. 输出语句错误,应改为 Print "a","b"

C. 过程的形式参数错误,应改为 swap(ByRef a As Integer,ByRef As Integer)

D. Swap 中三条赋值语句的顺序是错误的,应改为 a=b:b=c:c=a

(8) 下面程序的输出结果是(　　　)。

```
Private Sub Command1_Click()
    Dim ch$
    ch="ABCDEF"
    proc ch
    Print ch
End Sub
Private Sub proc(ch As String)
    s=""
    For k=Len(ch)To 1 Step-1
        s=s&Mid(ch,k,1)
    next k
    ch=s
End Sub
```

A. ABCDEF　　　　B. FEDCBA　　　　C. A　　　　D. .F

(9) 有一子程序定义为 Public Sub aaa(a As Integer,b As Single),正确的调用形式是(　　　)。

A. Call aaa 1,1.2　　　　　　　B. Call Sub(1,1.2)

C. aaa 1,1.2　　　　　　　　　D. Sub 1,1.2

(10) 单击一次命令按钮后,下列程序的执行结果是(　　　)。

```
Private Sub Command1_Click()
    s=P(1)+P(2)+P(3)+P(4)
    Print s
End Sub
Public Function P(N As Integer)
    Static Sum
    For i=1 to N
        Sum=Sum+i
    Next i
    P=Sum
End Function
```

A. 15　　　　　　B. 25　　　　　　C. 35　　　　　　D. 45

(11) 在窗体上画一个命令按钮,其名称为 Command1,然后编写如下程序:

```
Private Sub Command1_Click()
    Dim a As Integer,b As Integer
    a=100
```

```
    b=200
    Print M(a,b)
End Sub
Function M(x As Integer,y As Integer)As Integer
    M=IIf(x>y,x,y)
End Function
```

程序运行后,单击命令按钮,输出结果为(   )。

A. 200　　　　　　B. 300　　　　　　C. 100　　　　　　D. 280

(12) 单击命令按钮,下列程序的执行结果为(   )。

```
Private Sub Command1_Click()
    Dim x As Integer,y As Integer
    x=12: y=32
    Call PCS(x,y)
    Print x; y
End Sub
Sub PCS(ByVal n As Integer,ByVal m As Integer)
    n=n Mod 10
    m=m Mod 10
End Sub
```

A. 12　32　　　　B. 2　32　　　　C. 2　3　　　　D. 12　3

(13) 以下关于函数过程的叙述中,正确的是(   )。

　　A. 如果不指明函数过程参数的类型,则该参数没有数据类型

　　B. 函数过程的返回值可以有多个

　　C. 当数组作为函数过程的参数时,既能以传址方式传递,也能以引用方式传递

　　D. 函数过程形参的类型与函数返回值的类型没有关系

(14) 以下叙述中错误的是(   )。

　　A. 如果过程被定义为 Static 类型,则该过程中的局部变量都是 Static 类型

　　B. Sub 过程中不能嵌套定义 Sub 过程

　　C. Sub 过程中可以嵌套调用 Sub 过程

　　D. 事件过程可以像通用过程一样由用户定义过程名

(15) 用语句 Private Sub Convert(Y As Integer)定义 Sub 过程时,以下不是按值传递且调用正确的语句是(   )。

　　A. Call Convert((X))　　　　　　　B. Call Convert(X * 1)

　　C. Convert X　　　　　　　　　　D. Convert(X)

(16) 在窗体上画一个名为 Command1 的命令按钮,再画两个名称分别为 Label1 和 Label2 的标签,然后编写如下程序代码:

```
Private x As Integer
Private Sub Command1_Click()
    x=5
```

```
      y=3
      Call proc(x,y)
      Label1.Caption=x
      Label2.Caption=y
End Sub

Private Sub proc(ByVal a As Integer,ByVal b As Integer)
      x=a * a
      y=b+b
End Sub
```

程序运行后,单击命令按钮,则两个标签中显示的内容分别是(　　)。

A. 5 和 3　　　　B. 25 和 3　　　　C. 25 和 6　　　　D. 5 和 6

(17) 设有如下通用过程:

```
Private Sub Command1_Click()
      Static x As Integer
      x=10
      y=5
      y=f(x)
      Print x; y
End Sub
```

在窗体上画一个名称为 Command1 的命令按钮,然后编写如下事件过程:

```
Public Function f(x As Integer)
      Dim y As Integer
      x=20
      y=2
      f=x * y
End Function
```

程序运行后,如果单击命令按钮,则在窗体上显示的内容是(　　)。

A. 10　5　　　　B. 20　5　　　　C. 20　40　　　　D. 10　40

(18) 设有如下通用过程:

```
Sub fun(a(),ByVal x As Integer)
      For i=1 To 5
          x=x+a(i)
      Next
End Sub
```

在窗体上画一个名称为 Text1 的文本框和一个名为 Command1 的命令按钮,然后编写如下的事件过程:

```
Private Sub Command1_Click()
      Dim arr(5)As Variant
```

```
For i=1 To 5
    arr(i)=i
Next i
n=10
Call fun(arr(),n)
Text1.Text=n
End Sub
```

程序运行后,单击命令按钮,则在文本框中显示的内容是(　　)。

A. 10　　　　　　　B. 15　　　　　　　C. 25　　　　　　　D. 24

(19) 以下关于过程及过程参数的描述中,错误的是(　　)。

A. 过程的参数可以是控件名称

B. 用数组作为过程的参数时,使用的是"传地址"方式

C. 只有函数过程能够将过程中处理的信息传回到调用的程序中

D. 窗体可以作为过程的参数

(20) 执行下面的程序,当单击窗体时,窗体上显示变量 z 的值为(　　)。

```
Private Sub Form_Click()
    Dim a As Integer,b As Integer,z As Integer
    a=1
    b=3
    z=2
    Call P1(a,b)
    Print a,b,z
    Call P1(b,a)
End Sub

Private Sub P1(x As Integer,ByVal y As Integer)
    Static z As Integer
    x=x+z
    y=x-z
    z=10-y
End Sub
```

A. 1　　　　　　　B. 2　　　　　　　C. 4　　　　　　　D. 3

2. 填空题

(1) 在过程定义中出现的变量叫做_____参数,而在调用过程时传送给过程的常数、变量、表达式或数组叫做_____参数。

(2) 当用数组作为过程的参数时,使用的是传_____方式,而不是传_____方式。

(3) 计算 1+2+3+…+n。

```
Private Sub Form_Click()
```

```
    Dim n As Single
    n=Val(InputBox("输入 n 的值："))
    Print SS(n)
End Sub
Function SS(ByVal n As Integer)As Integer
    Dim t As Single
    t=0
    For i=1 To n
        t=t+i
    Next i
    _____
End Function
```

（4）请将下列程序补充完整：

```
Private Sub Form_Click()
    i=1
    Do While i<=5
        Print "f("; i; ")="; sq(i+1)
        i=i+1
    Loop
End Sub
Function _____
    x=x+1
    sq=x*(x-1)
End _____
```

（5）窗体上有名称分别为 Text1 和 Text2 的两个文本框，要求文本框 Text1 中输入的数据小于 500，文本框 Text2 中输入的数据小于 1000，否则重新输入。为了实现上述功能，在以下程序中应填入的内容是_____。

```
Private Sub Text1_LostFocus()
    Call checkinput(Text1,500)
End Sub

Private Sub Text2_Change()
    Call checkinput(Text2,1000)
End Sub
Sub checkinput(t As Control,x As Integer)
    If _____ Then
        MsgBox "请重新输入！"
    End If
End Sub
```

（6）设有如下程序：

```
Private Sub Form_Click()
    Dim a As Integer,b As Integer
    a=20: b=50
    p1 a,b
    p2 a,b
    p3 a,b
    Print "a="; a,"b="; b
End Sub
Sub p1(x As Integer,ByVal y As Integer)
    x=x+10
    y=y+20
End Sub
Sub p2(ByVal x As Integer,y As Integer)
    x=x+10
    y=y+20
End Sub
Sub p3(ByVal x As Integer,ByVal y As Integer)
    x=x+10
    y=y+20
End Sub
```

该程序运行后，单击窗体，则在窗体上显示的内容是：a=_____和 b=_____。

（7）设有如下程序：

```
Private Sub Form_Load()
    Show
    Dim b()As Variant
    Dim n As Integer
    b=Array(1,3,5,7,9,11,13,15)
    Call search(b,11,n)
    Print n
End Sub
Private Sub search(a()As Variant,ByVal key As Variant,index As Integer)
    Dim i%
    For i=LBound(a)To UBound(a)
        If key=a(i)Then
            index=i
            Exit Sub
        End If
    Next i
    index=-1
End Sub
```

程序运行后，输出的结果是_____。

(8) 在窗体上画两个组合框,其名称分别为 Combo1 和 Combo2,然后画两个标签,名称分别为 Label1 和 Label2,程序运行后,如果在某个组合框中选择一个项目,则把所选中的项目在其下面的标签中显示出来。请填空。

```
Private Sub Combo1_Click()
    Call ShowItem(Combo1,Label1)
End Sub
Private Sub Combo2_Click()
    Call ShowItem(Combo1,Label1)
End Sub
Public Sub ShowItem(tmpCombo As ComboBox,tmpLabel1 As Label)
    _____.Caption=_____.Text
End Sub
```

(9) 设有以下函数过程:

```
Function fun(m As Integer)As Integer
    Dim k As Integer,sum As Integer
    sum=0
    For k=m To 1 Step-2
        sum=sum+k
    Next k
    fun=sum
End Function
```

若在程序中用语句 s＝fun(10)调用此函数,则 s 的值为_____。

(10) 计算 X^N。请填空。

```
Private Sub Command2_Click()
    Dim X As Single
    Dim N As Integer
    X=Val(InputBox("输入 X 的值: "))
    N=Val(InputBox("输入 N 的值: "))
    _____
End Sub
Sub nAA(ByVal N1 As Integer,ByVal X1 As Single)
    Dim nT1 As Single
    nT1=1
    For i=1 To _____
        nT1=_____
    Next i
    Print nT1
End Sub
```

(11) 下列程序段计算 1＋2!＋3!＋…＋20!,并打印结果,请填空。

```
Option Explicit
```

```
Private Sub Form_Click()
    Dim S As Double,j As Integer
    For j=1 To 20
        nfactor _____
        S=S+F
    Next j
    Form2.Print "S=";  S
End Sub
Sub nfactor(ByVal n As Double)
    Dim i As Integer

    _____
    nfactor=1
    For i=1 To n
        nfactor=nfactor * i
    Next i

    _____

End Sub
```

第7章 常用控件

7.1 预备知识

熟练掌握运用文本框控件、标签控件和命令按钮控件进行编程；熟练掌握图片框、图像框的属性、事件和方法，掌握图形文件装入的不同方法；掌握复选框和单选按钮的属性、事件和方法；掌握列表框和组合框的属性、事件和方法；能够使用计时器控件编程；了解滚动条控件的属性、事件和方法；理解框架控件的作用，能够使用直线和形状控件；理解焦点和 Tab 顺序的概念。

7.1.1 文本控件

与文本有关的标准控件有标签和文本框。程序运行时标签中只能显示文本，用户不能进行编辑，而在文本框中既可显示文本，又可输入文本。

1. TextBox（文本框）

功能：用来接收或显示输入输出信息，用于编辑文本，在设计阶段或运行期间可以在这个区域中输入、编辑和显示文本，类似于一个简单的文本编辑器。

属性：

Text：用于设置显示的文本内容。

MaxLength：用于设置文本框中输入字符串的长度限制。

MultiLine：用于设置文本框是否以多行方式显示文本。

PasswordChar：用于设置是否显示用户输入的字符。

ScrollBars：用于设置文本框是否有垂直或水平滚动条。

事件：Change、GotFocus、LostFocus 和 SetFocus 事件。

2. Label（标签）

功能：专门用来显示文本，因此用户不能对标签内的文本进行编辑。一般被用作标题名。通常用标签来标注本身不具有 Caption 属性的控件。例如，可用 Label 控件为文本框、列表框、组合框等控件添加描述性的标签。

属性：FontBold、FontItalic、FontName、FontSize、FontUnderline、Height、Left、Name、

Top、Visible、Width。

事件和方法：

标签和窗体及大多数控件一样具有许多方法，如 Move 方法、Drag 方法以及 Refresh 方法；并且可以识别多种事件，如 Click、DblClick 等。

7.1.2　图形控件

Visual Basic 中与图形有关的标准控件有 4 种，即图片框、图像框、直线和形状。

1. PictureBox（图片框）

功能：显示图形，但同时它又可以作为其他控件的容器。在做容器使用时，图片框和 Frame 控件类似。

属性：

AutoSize：设置图片框是否按图片大小自动调整。

CurrentX 和 CurrentY：设置水平和垂直坐标，只能在运行期间使用。

Picture：用于窗体、图片框、图像框，通过属性窗口设置，把图片放入这些对象中。

Stretch：用于图像框，自动调节图像框中图形内容的大小。

2. Image（图像框）

属性：

Picture：设置图像框中显示的图形，用法与图形框的 Picture 属性相同。

Stretch：当 Stretch 属性为 False 时（默认值），图像框会随加载的图形的尺寸自动改变大小，使图形完全显示。当 Stretch 属性为 True 时，图像框大小不变，加载到图像框的图形会自动改变尺寸到正好匹配图像框，通过图像框完整地显示出来。

图片框与图像框的区别：图片框是容器，可以作为父控件，而图像框不能作为父控件；图片框可以通过 Print 方法接受文本，图像框则不能；图像框比图片框占用的内存少，显示速度快。

在设计阶段装入图形文件，可以用两种方法装入图片：一是用属性窗口的 Picture 属性装入；二是利用剪贴板把图形粘贴到窗体、图片框、图像框。

在运行期间装入图形文件：用 LoadPicture 函数把图形文件装入窗体、图片框、图像框。一般格式为：

```
[对象.] Picture=LoadPicture("文件名")
```

3. Line（直线）

功能：在窗体上显示各种类型和宽度的线条。

4. Shape(形状)

功能：显示矩形、正方形、圆形和椭圆形等形状。

图形控件的几个重要属性：BorderColor、BorderStyle、BorderWidth、FillColor、FillStyle 和 Shape 等属性。

不支持任何事件，只用于表面装饰。可以在设计时通过属性设置来确定显示某种图形，也可以在程序运行时修改属性以动态显示图形。

7.1.3 按钮控件

CommandButton(命令按钮)

功能：交互式地控制应用程序。

作用：在用户单击它时，将会激发它的 Click 事件。因此，将代码写入命令按钮的 Click 事件过程，通过用户单击就可以执行相关操作。

属性：

Caption：设置在命令按钮上显示的文本。

Style：设置命令按钮的外观。

另外，还有 Cancel、Default、Style、Picture、DownPicture 和 DisabledPicture 属性等。

7.1.4 选择控件

在应用程序中，复选框和单选按钮用来表示状态，可以在运行期间改变其状态。

1. CheckBox(复选框)

属性：

Caption：用于设置复选框上显示的文本。

Value：标明复选框是否被选中。

功能：用于提供 Yes/No 或 True/False 的逻辑选择。通过 Value 属性指示其所处的状态。无论何时，当用户单击复选框时都将触发其 Click 事件。

2. OptionButton(选项按钮)

属性：

Caption：用于设置单选按钮上显示的文本。

Value：用于标明单选按钮是否被选中。

功能：多个可选项中选择一项的操作。

选项按钮和复选框控件看起来相似。因此，可以把复选框中的操作方法用到选项按钮上来。它们之间的区别是：选项按钮一般用于单项选择，而复选框则可以用于多项选择。

3. ListBox（列表框）

功能：用于显示项目列表。用户可以从列表框中的一系列选项中选择一个或多个选项。

属性：

List：设置列表框中包含的项。

Columns：设置是水平滚动还是垂直滚动。

MultiSelect：设置是否能够做多个选择。

ListIndex：当前所选择元素的下标。

ListCount：列表中全部元素的个数。

Sorted：设置按字母顺序排列项目。

事件：Click 和 DblClick 事件。

方法：

添加项目：列表框. AddItem item[,index]，如 List1. AddItem "王平"。

删除项目：列表框. RemoveItem index，如 List1. RemoveItem 0。

获得列表项目内容：列表框. List(index)，如 Text1. Text = List1. List(2)。

4. ComboBox（组合框）

属性：Style 属性决定了组合框三种不同的类型。

功能：将文本框和列表框的功能结合在一起。有了这个控件，用户可通过在组合框中输入文本来选定项目，也可从列表中选定项目。

在使用方式上，组合框具有和列表框相似的特征。组合框的特点是可由 Style 属性设置三种组合样式。

事件：只有简单组合框接收 DblClick 事件，其他两种组合框可以接受 Click 事件和 DropDown 事件。

7.1.5 其他控件

1. Frame（框架）

功能：框架是一个容器类控件。框架的作用是能够把其他的控件组织在一起形成控件组。这样，当框架移动、隐藏时，其内的控件组也相应移动、隐藏。

属性：Enabled、FontBold、FontName、FontUnderline、Height、Left、Top、Visible 和 Width。此外，Name 属性用于在程序代码中标识一个框架，而 Caption 属性定义了框架的可见文字部分。

2. ScrollBar（滚动条）

滚动条通常用来附在窗口上帮助观察数据或确定位置，也可用来作为数据输入的工具。滚动条分为两种，即水平滚动条和垂直滚动条。

属性：Max、Min、LargeChange、SmallChange 和 Value。

事件：Scroll 和 Change。

Scroll：当拖动滑块时会触发 Scroll 事件，单击滚动条箭头或滚动条的空白处都不会触发。

Change：当 Value 属性值发生改变时（包括拖动滑块、单击滚动条箭头和单击滚动条空白处）会触发 Change 事件。

3. ProgressBar（进度条）

功能：用于显示一个较长操作完成的进程。

属性：

Orientation：用于控制进度条的形式。

Value：用于指定进度条的当前位置。

Min：用于设置进度条的下界限。

Max：用于设置进度条的上界限。

另外，在程序设计过程中，应先设置好进度条的 Max 属性和 Min 属性，再进行事件过程代码的编写。

4. Timer（定时器）

功能：一个响应时间的控件。它们独立于用户，编程后可用来在一定的时间间隔中周期性地执行某项操作。

属性：

Enabled：当该属性为 True 时，定时器处于工作状态；当 Enabled 被设置为 False 时，它就会暂停操作而处于待命状态。因此，定时器的 Enabled 属性并不同于其他对象的 Enabled 属性。

Interval：定时器周期性事件之间的时间间隔（毫秒数）。

7.1.6　焦点设置

下面三种方法可以设置一个对象的焦点：

（1）在运行时单击该对象。

（2）运行时用快捷键选择该对象。

（3）在程序代码中使用 SetFocus 方法。

所谓 Tab 顺序，就是指焦点在各个控件之间移动的顺序。用 Tab 键也可以把焦点移到某个控件中。每按一次 Tab 键，可以使焦点从一个控件移到另一个控件。

7.2 本章实验

7.2.1 实验7-1 生肖查询

1. 示例实验

【实验目的】

(1) 掌握标签的基本属性设置、方法和事件的应用。

(2) 掌握命令按钮的基本属性设置、方法和事件的应用。

(3) 学会 Mod 运算符和 InputBox 函数的使用。

【实验内容】

如何通过输入的出生年份来查询生肖属相。运行程序如图 7.1 所示。单击"生肖"按钮,在弹出的图 7.2 所示的输入框中输入年份,单击"确定"按钮,即可得到年份的属相,如图 7.3 所示。

【实验分析】

运用 Mod 运算符对两个数作除法并且只返回余数。用输入的年份除以 12,返回的余数通过 select case 语句,即可判断属相。

图 7.1 生肖查询

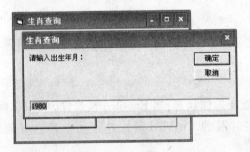

图 7.2 年份输入

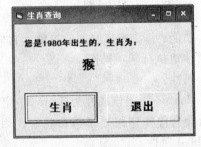

图 7.3 程序运行界面

【实验步骤】

(1) 新建一个标准工程,创建一个新窗体 Form,默认值。

(2) 在窗体上放置两个标签控件 Label 和两个命令按钮控件 Command。

(3) 基本属性设置如表 7-1 所示。

表 7-1 生肖查询属性设置

对 象	Name	Caption
Form1	Form1	生肖查询
Label1	Label1	默认值

对　　象	Name	Caption
Label2	Label2	默认值
Command1	Command1	生肖
Command2	Command2	退出

（4）完整的程序代码。

"生肖"按钮的单击事件：

```
Private Sub Command1_Click()
    Dim year As Integer
    Dim name As Integer
    year=Val(InputBox("请输入出生年月：","生肖查询",1980))'输入要查询的年份
    Label1.Caption="您是" & LTrim(Str(year))+"年出生的,生肖为："
    name=year Mod 12
    Select Case name                            '判断生肖
        Case 4
        Label2.Caption="鼠"
        Case 5
        Label2.Caption="牛"
        Case 6
        Label2.Caption="虎"
        Case 7
        Label2.Caption="兔"
        Case 8
        Label2.Caption="龙"
        Case 9
        Label2.Caption="蛇"
        Case 10
        Label2.Caption="马"
        Case 11
        Label2.Caption="羊"
        Case 0
        Label2.Caption="猴"
        Case 1
        Label2.Caption="鸡"
        Case 2
        Label2.Caption="狗"
        Case 3
        Label2.Caption="猪"
    End Select
End Sub
```

"退出"按钮的单击事件：

```
Private Sub Command2_Click()
End
End Sub
```

（5）保存窗体。

（6）运行调试程序，直到满意为止。

2. 实验作业

（1）界面设计如图 7.4 所示，程序运行时要求满足以下条件：

① 单击"出题"按钮后随机生成两个正整数并存入模块级变量 a、b 中，并且分别在 Label1、Label2 中显示，此后"出题"按钮不可用，鼠标自动跳在文本框中。

② 在文本框中输入结果并按 Enter 键，以消息框显示运算正确与否，"出题"按钮变为可用，累计所完成的题数，并将结果显示在标签中。

③ 单击"退出"按钮后，结束程序。

（2）设计运行图 7.5 所示的界面。

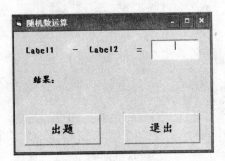

图 7.4　随机数运算

图 7.5　获取输入信息

如果单击 Exit 按钮，则退出程序；单击 Enter 按钮，则会出现图 7.6 所示的对话框，提示输入用户名。如果此时单击"取消"按钮，则会返回到前面的界面：输入用户名 happy，单击"确定"按钮或按 Enter 键，则进入图 7.7 所示界面。

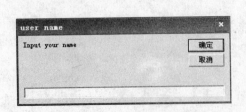

图 7.6　姓名输入对话框

图 7.7　运行结果界面

7.2.2　实验7-2　画图

1.示例实验

【实验目的】

(1)熟练掌握图形控件的属性设置和事件的正确使用。

(2)熟练掌握组合框的属性设置和事件的正确使用。

【实验内容】

选择形状、边框后,图片框中控件 Shape1 作相应变化,界面设计如图 7.8 所示。

【实验分析】

本实验主要考察的是 Shape 控件和 Combo 控件的使用,要注意 Shape 控件的特有属性。

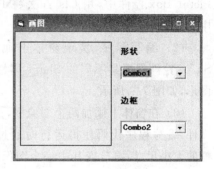

图 7.8　画图

【实验步骤】

(1)新建一个标准工程,创建一个新窗体 Form,默认值。

(2)在窗体上放置一个图形控件、两个标签控件和两个组合框控件。基本属性如表 7-2 所示。

表 7-2　属性设置

对象	Name	Caption	对象	Name	Caption
Form1	Form1	画图	Label2	Label2	边框
Shape1	Shape1	无	Combo1	Combo1	无
Label1	Label1	形状	Combo2	Combo2	无

(3)完整的程序代码。

组合框的单击事件代码:

```
Private Sub Combo1_click()
Shape1.Shape=Combo1.List(Combo1.ListIndex)
End Sub

Private Sub Combo2_Click()
Shape1.BorderStyle=Combo1.List(Combo2.ListIndex)
End Sub
```

窗体的加载事件代码:

```
Private Sub form_load()
Dim I As Integer
```

```
For I=0 To 5: Combo1.AddItem Str(I): Next I
For I=0 To 6: Combo2.AddItem Str(I): Next I
End Sub
```

（4）保存窗体。

（5）运行调试程序，直到满意为止。

2. 实验作业

（1）用 Print 方法将文本框的内容打印到 PictureBox 控件中，用 Cls 方法将 PictureBox 控件中的内容清除。

（2）编写程序，实现窗体上通过命令按钮让 Shape 控件根据其不同的 Shape 属性值显示不同的图形，如图 7.9 所示。

（3）在窗体上添加两个图像框，都载入同一图片文件，编写程序代码使得运行时通过代码改变图像框的大小尺寸，再改变其中一个图像框的 Stretch 属性值为 True，另一个图像框的 Stretch 属性值为 False。

图 7.9　画图

7.2.3　实验 7-3　字体设置

1. 示例实验

【实验目的】

（1）复选框和选项按钮的属性设置和事件、方法的使用。

（2）框架的属性设置和事件、方法的使用。

（3）了解框架和控件数组的运用。

【实验内容】

程序运行界面如图 7.10 所示，在窗体上画一个文本框，其名称为 Text1，将 Text 属性设置为"VISUAL BASIC 程序设计"；再画三个框架，名称分别是 Frame1，Frame2 和 Frame3，标题分别是"字体"、"字形"和"颜色"；然后建立一个含有三个单选按钮的控件数组，名称为 Option1，标题分别是"黑体"、"宋体"、"楷体_GB2312"；再建立三个复选框控件，名称分别是 Check1、Check2、Check3，标题分别为"粗体"、"斜体"、"下划线"，还有 Option2、Option3、Option4 和 Option5，标题分别为"红"、"黄"、"绿"和"蓝"。程序运行后，可以在"字体"中选择适当的字体来设置文本框中字体的字体名，在"字形"中选择的字形作为文本框中文本的字形，在"颜色"中选择的颜色作为文本框中文字的颜色。程序的运行情况如图 7.10 所示。

———————— Visual Basic 程序设计实验教程

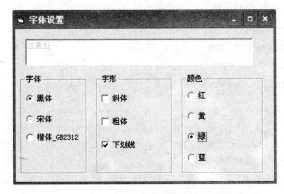

图 7.10　字体设置

【实验分析】

这是一个涉及单选按钮、复选框和框架控件的程序。字体设置需要单选按钮控件数组来完成。

【实验步骤】

（1）新建一个标准工程，创建一个新窗体 Form，默认值。

（2）在窗体上放置各控件及其基本属性如表 7-3 所示。

表 7-3　属性设置

对　象	Name	Index	Text	Caption
Form1	Form1	无	无	字体设置
Text1	Text1	无	VB 程序设计	无
Option1	Option1	0	无	黑体
Option1	Option1	1	无	宋体
Option1	Option1	2	无	楷体_GB2312
Option2	Option2	0	无	红
Option3	Option3	0	无	黄
Option4	Option4	0	无	绿
Option5	Option5	0	无	蓝
Check1	Check1	无	无	斜体
Check2	Check2	无	无	粗体
Check3	Check3	无	无	下划线

（3）完整的程序代码。

```
Private Sub Check1_Click()
If Check1.Value=1 Then                          '是否加粗
    Text1.FontBold=True
Else
    Text1.FontBold=False
End If
End Sub
```

```vb
Private Sub Check2_Click()
If Check2.Value=1 Then
    Text1.FontItalic=True
Else
    Text1.FontItalic=False
End If
End Sub


Private Sub Check3_Click()
If Check3.Value=1 Then
    Text1.FontUnderline=True
Else
    Text1.FontUnderline=False
End If
End Sub
'字体的设置
Private Sub Option1_Click(Index As Integer)
Select Case Index
Case 0
Text1.FontName=Option1(0).Caption
Case 1
Text1.FontName=Option1(1).Caption
Case 2
Text1.FontName=Option1(2).Caption
End Select
End Sub
'颜色的设置
Private Sub Option2_Click()
Text1.ForeColor=RGB(255,0,0)
End Sub


Private Sub Option3_Click()
Text1.ForeColor=RGB(255,2550,0)
End Sub


Private Sub Option4_Click()
Text1.ForeColor=RGB(0,255,0)
End Sub


Private Sub Option5_Click()
Text1.ForeColor=RGB(0,0,255)
End Sub
```

2．实验作业

设置如图 7.11 所示的界面。

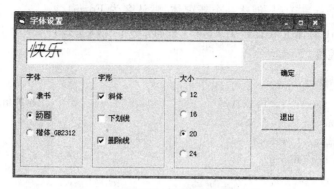

图 7.11　字体设置

单击"退出"按钮，退出应用程序。

7.2.4　实验 7-4　人员登记

1．示例实验

【实验目的】

（1）列表框的基本属性的设置和方法的使用。

（2）熟练使用循环结构和分支结构的实际应用。

（3）学会正确使用 MsgBox 函数的功能。

【实验内容】

程序运行时，在文本框中输入编号，单击"添加"按钮，如编号列表已经存在此编号，将弹出"系统不允许重复输入，请重新输入"的对话框，单击"确定"按钮，可以重新输入，单击"退出"按钮，退出程序。效果如图 7.12 所示。

【实验分析】

通过判断文本框内输入的内容是否在列表中存在来确定信息是否重复。

相关属性和方法：AddItem 方法，将项目添加到 ListBox 列表里。

图 7.12　人员登记

格式：对象名．AddItem Item．Index

参数：

Item：必需的，字符串表达式，用来指定添加到列表中的项目。

Index：可选的，是整数，用来指定新项目或行在列表中的位置。

ListCount：列表中项目的个数。

ListIndex：设置列表中当前被选择的项目的索引。

Text：列表中的文本。

【实验步骤】

(1) 新建一个标准工程,创建一个新窗体,默认名为 Form1。

(2) 在 Form1 窗体上放置一个 Label1 控件、一个 Text1 控件、一个 ListBox 控件和两个 Command 控件。

(3) 代码如下:

```
Private Sub Command1_Click()                          '添加信息
'Dim a As Long
For i=0 To List1.ListCount-1
    List1.ListIndex=i
    If List1.Text=Text1.Text Then
        MsgBox "系统不允许重复输入,请重新输入"
        Exit Sub
    End If
Next i
List1.AddItem Text1.Text
Text1.Text=""
End Sub


'"退出"按钮的单击事件
Private Sub Command2_Click()
End
End Sub


'系统启动时,自动向列表输入一些员工编号
Private Sub Form_Load()
List1.AddItem "2003335"
List1.AddItem "2003336"
Text1.Text=""
End Sub
```

2. 实验作业

(1) 参赛组队。设计一个窗体,该窗体含两个标签和两个列表框,标签框用来显示提示信息。运行程序时,单击列表框中的学员,该学员将从一个列表框移动到另一个列表框中。

(2) 设计一个选课界面,如图 7.13 所示。具体要求如下:

① 单击"添加"按钮,若文本框中不是空格串,并且在列表中也没有,则将课程添加到列表框中去。

② 单击"删除"按钮,删除列表框中被选中并显示在文本框中的课程名称。

③ 单击"统计"按钮，统计课程列表框中的课程数量，并显示在文本框中。

④ 单击"退出"按钮，结束程序运行。

（3）设计图7.14所示的程序，根据选项中选择的家电及数量，单击"确定"按钮后，将选择的清单及总价在列表框中列出，单击"清除"按钮用于清空列表框中的项目。要求：在操作过程中，每选择一种家电，光标自动定位在相应的文本框中，取消选择时，相应的文本框自动清空，所有文本框只接收数字。

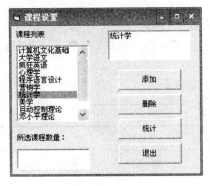

图 7.13　课程设置

图 7.14　家电提货单

7.2.5　实验 7-5　滚动条

1. 示例实验

【实验目的】

（1）熟练掌握滚动条基本属性的设置和方法的使用。

（2）掌握图形控件的属性设置和事件的正确运用。

（3）了解 Hex 函数的使用方法。

【实验内容】

使用滚动条代表红、绿、蓝三种颜色的数值，通过这三种颜色的不同取值，显示出相应的颜色值。程序运行界面如图7.15所示。

【实验分析】

在计算机中，把颜色分为红（R）、绿（G）和蓝（B）。众所周知，计算机的机器语言是使用二进制表示的。为了方便查阅，我们看到的往往是十六进制代码，一个字节包括两位十六进制数字，为 0～255（十六进制表示 0～FF），而一个字节是由 8 位二进制数值表示（2^8），计算机中分别用一个字节，也就是 8 位表示一种颜色，合在一起也就是三个字节（24 位）表示所有的颜色，这就是平时常说的 24 位

图 7.15　颜色显示

真彩色,它一共可以组成 $256 \times 256 \times 256 (2^{24})$ 种颜色。对于我们的肉眼,是根本分辨不出相邻两个不同颜色的,比如用 FFFFFF 表示白色,就好像我们刚才说的物体反射了所有的色光,相反的可以用 000000 表示黑色,它吸收了所有的色光,还可以用 FF0000 表示红色,在 HTML 语言中就是这样表示颜色的。在本程序中,通过三个滚动条分别代表 R、G、B 滚动条,将在右边的图片框中显示相应的颜色,并且在下面的文本框中显示颜色的十六进制数值。

【实验步骤】

(1) 新建一个标准工程,创建一个新窗体,默认名为 Form1。

(2) 在 Form1 窗体上放置 4 个 Label 控件、一个 TextBox 控件、一个 PictureBox 控件和三个 HScrollBar 控件。

(3) 各控件基本属性设置如表 7-4 所示。

表 7-4　属性设置

对　象	Name	Index	Text	Caption	其　他
Form1	Form1	无	无	颜色显示	无
HScrollBar	HScrollBar1	1	无	无	同上
HScrollBar	HScrollBar1	2	无	无	同上
Text1	Text1	无	默认	无	无
HScrollBar	HScrollBar1	0	无	无	Max：255 Min：0 LargeChange：10 SmallChange：1
Label1	Label	0	无	红:	无
Label2	Label	0	无	绿:	无
Label3	Label	0	无	蓝:	无
Label4	Label	0	无	颜色值:	无

(4) 代码如下:

```
Dim rstr,gstr,bstr,yanse As String                    'RGB 的字符
Dim rnum,gnum,bnum As Integer                         'RGB 的数值
'窗体的加载事件
Private Sub Form_Load()
rnum=HScroll1(0).Value
gnum=HScroll1(1).Value
bnum=HScroll1(2).Value
rstr=Hex(rnum)
If Len(rstr)<2 Then rstr="0"+rstr                     '只有一位的十六进制字符补 0
gstr=Hex(gnum)
If Len(gstr)<2 Then gstr="0"+gstr                     '补 0
bstr=Hex(bnum)
```

```
If Len(bstr)<2 Then bstr="0"+bstr                      '补0
yanse=rstr+gstr+bstr                                    '颜色值
Text1.Text=yanse
Picture1.BackColor=RGB(rnum,gnum,bnum)
End Sub
'滚动条改变时产生的事件
Private Sub HScroll1_Change(Index As Integer)
rnum=HScroll1(0).Value
gnum=HScroll1(1).Value
bnum=HScroll1(2).Value
rstr=Hex(rnum)
If Len(rstr)<2 Then rstr="0"+rstr                      '补0
gstr=Hex(gnum)
If Len(gstr)<2 Then gstr="0"+gstr                      '补0
bstr=Hex(bnum)
If Len(bstr)<2 Then bstr="0"+bstr                      '补0
yanse=rstr+gstr+bstr                                    '颜色值
Text1.Text=yanse
Picture1.BackColor=RGB(rnum,gnum,bnum)
End Sub
```

2. 实验作业

（1）设计图 7.16 所示的界面，利用垂直滚动条设置文本框中文字的大小，并将字号显示在下面的标签控件中。

要求：垂直滚动条的 min：8；max：32。其他属性设置如图 7.16 所示。

（2）利用滚动条动态设置文本框的前景和背景颜色（RGB 函数）。窗体设计如图 7.17 所示。

图 7.16　字体大小

图 7.17　颜色变化

要求：滚动条控件的 min：0；max：255。其他属性设置如图 7.17 所示。

运行时单击右边（"前景"框架控件中）三个水平滚动条中的任何一个，文本框中文字的颜色发生变化；单击左边（"背景"框架控件中）三个水平滚动条中的任何一个，文本框中背景颜色发生变化。

7.2.6 实验 7-6 滚动字幕

1. 示例实验

【实验目的】

(1) 掌握计时器的属性设置和事件方法的使用。

(2) 掌握命令按钮属性设置和事件方法的使用。

【实验内容】

设计图 7.18 所示的界面。

程序要求如下：

① 窗体 Form1 的标题为"计时器的使用-滚动字幕"。

② 标签 Label1 的标题为"你最棒!"，红颜色，字体为 16 号，加粗黑体。

③ 在窗体的下半部有三个命令按钮控件 Command1、Command2 和 Command3，初始标题分别为 "开始"、"暂停"和"退出"。

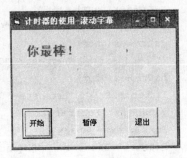

图 7.18　滚动字幕

④ 定时器控件 Timer1 的时间间隔设置为 1s，开始时不使用。

⑤ 程序启动后，单击"开始"按钮，标签在定时器的控制下以红蓝两色交替显示并以每秒 1000 缇向右侧移动。将标签移动到窗体右侧消失后，标签又从窗体的左侧开始向右侧移动，如此循环往复。

⑥ 单击"暂停"按钮，字幕停止滚动。

⑦ 单击"退出"按钮，退出应用程序。

【实验分析】

在 Timer 事件中，控制 Label 控件的 left 属性值，从而实现滚动字幕的效果。

【实验步骤】

(1) 新建一个标准工程，创建一个新窗体，默认名为 Form1。

(2) 在 Form1 窗体上放置一个 Timer 控件、一个 Label 控件和三个 Command 控件。

(3) 完整的程序代码如下：

```
Private Sub Command1_Click()              '单击"开始"按钮后启动定时器
Timer1.Enabled=True
End Sub


Private Sub Command2_Click()              '单击"暂停"按钮后停止定时器
Timer1.Enabled=False
End Sub


Private Sub Command3_Click()              '结束程序的运行
End
```

```
End Sub

Private Sub Form_Load()                          '设置属性
Timer1.Enabled=False
End Sub

Private Sub Timer1_Timer()
Label1.Left=Label1.Left+1000
If Label1.Left >=Form1.Width Then Label1.Left=-Label1.Width
                                                 '当标签消失时,重新从左侧进入窗体
If Label1.ForeColor=RGB(255,0,0)Then             '文字颜色交替显示为红色和蓝色
    Label1.ForeColor=RGB(0,0,255)
Else
    Label1.ForeColor=RGB(255,0,0)
End If
End Sub
```

2. 实验作业

（1）在窗体上画一个计时器；画一个图像框,其 Stretch 属性值为 True,通过其 Picture 属性加载；再画一个水平滚动条,其 Min 和 Max 属性值分别为 100、1200,Smallchange 和 Largechange 属性值分别为 25 和 100。编写适当事件过程,程序运行后,可以使图像框闪烁,其闪烁程度可以通过滚动条调节,如图 7.19 所示。

图 7.19　图片闪动

（2）利用一个计时器、一个标签和三个命令按钮制作一个动态秒表,如图 7.20 所示。单击"开始"按钮,秒表开始计时；单击"停止"按钮,秒表结束计时,并在标签框显示运行时间,如"运行了 0 小时 2 分 10 秒"；单击"退出"按钮,退出程序运行（假设对象的属性都在程序代码中设定）。

（3）设计一个字幕推出程序。程序界面如图 7.21 所示,标签的字号在定时器的控制下每个时间间隔放大 2 磅并且保持标签在窗体中水平居中,当标签的字号超过 72 时,定时器停止响应 Timer 事件。字号放大的速度由水平滚动条控制。

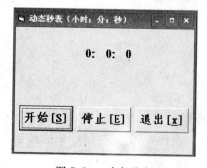

图 7.20　动态秒表

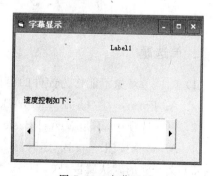

图 7.21　字幕显示

7.2.7 拓展实验

编写一段用于设置字体属性的程序,如图 7.22 所示。要求如下:

(1) 启动程序后,自动在"字体"列表框中列出当前系统中可用的屏幕字体供用户选择。

(2) "字号"下拉列表框中列出部分字号供用户选择,默认值为 10 磅,用户也可根据需要在文本框中直接输入字号大小。

(3) 通过滚动"红"、"绿"、"蓝"三个水平滚动条可以设置字体颜色。

(4) "底纹"选项区域中的两个单选按钮,一个用于取消底纹设置,一个用于设置红色底纹。

(5) 所做的任何设置都在"示例"选项区域中立即显示效果,单击"取消"按钮将恢复初始设置。

(6) 单击"退出"按钮,结束程序的运行。

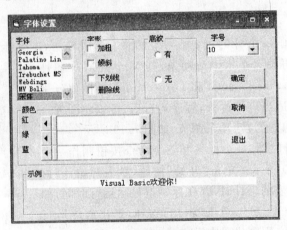

图 7.22 字体设置综合实验

7.3 本章习题

1. 单选题

(1) (   )对象不能作为控件的容器。

    A. Form   B. PictureBox   C. Shape   D. Frame

(2) 下面选项中,不是 Visual Basic 标准控件的是(   )。

    A. 命令按钮   B. 定时器   C. 窗体   D. 单选按钮

(3) 文本框的默认属性是(   )。

    A. Caption   B. Name   C. Top   D. Text

(4) 形状控件所显示的图形不可能是(　　　　)。

　　A. 圆　　　　　　　B. 椭圆　　　　　　C. 圆角正方形　　D. 等边三角形

(5) 为了使命令按钮的 Picture、DownPicture 或 DisabledPicture 属性生效,必须把它的 Style 属性设置为(　　　　)。

　　A. 0　　　　　　　B. 1　　　　　　　C. True　　　　　　D. False

(6) 假定 Picture1 和 Text1 分别为图片框和文本框的名称,则下列不正确的语句是(　　　　)。

　　A. Print 25　　　　　　　　　　　B. Picture1. Print 25

　　C. Text1. Print 25　　　　　　　　D. Deug. Print 25

(7) 列表框中的(　　　　)属性可设置列表框中的列表项按照字母数字升序排列。

　　A. Sorted　　　　B. Selected　　　　C. ListCount　　　D. Multiselect

(8) 计时器控件的(　　　　)属性用于设置 Timer 事件发生的时间间隔。

　　A. Stretch　　　　B. Interval　　　　C. Value　　　　　D. Length

(9) 滚动条的(　　　　)属性用于返回或设置滚动条的当前值。

　　A. Value　　　　　B. Max　　　　　　C. Min　　　　　　D. Data

(10) 若要向列表框添加列表项,可使用的方法是(　　　　)。

　　A. Add　　　　　　B. Remove　　　　C. Clear　　　　　D. AddItem

(11) 图像框或图片框中显示的图形文件由它们的(　　　　)属性值决定。

　　A. DownPicture　　　　　　　　　　B. Picture

　　C. Image　　　　　　　　　　　　　D. Icon

(12) 假定在图片框 Picture1 中装入了一个图形,为了清除该图形(注意,是清除图形,而不是删除图片框),应采用的正确方法是(　　　　)。

　　A. 选择图片框,然后按 Delete 键

　　B. 执行语句 Picture1. Picture=LoadPicture("")

　　C. 执行语句 Picture1. Picture=""

　　D. 选择图片框,在属性窗口中选择 Picture 属性条,然后按 Enter 键

(13) 将命令按钮 Command1 设置为不可见,应修改该命令按钮的(　　　　)属性。

　　A. Visible　　　　B. Value　　　　　C. Caption　　　　D. Enabled

(14) 单击滚动条两端的任一个滚动箭头,将触发该滚动条的(　　　　)事件。

　　A. Scroll　　　　　B. KeyDown　　　　C. Change　　　　D. Dragover

(15) 用户在组合框中输入或选择的数据可以通过一个属性获得,这个属性是(　　　　)。

　　A. List　　　　　B. ListIndex　　　　C. Text　　　　　D. ListCount

(16) (　　　　)对象不具有 Caption 属性。

　　A. Label　　　　　B. Option　　　　　C. Form　　　　　D. Timer

(17) 若要把"XXX"添加到列表框 List1 中的第三项,则可执行语句(　　　　)。

　　A. List1. AddItem "XXX",3　　　　　B. List1. AddItem "XXX",2

　　C. List1. AddItem 3,"XXX"　　　　　D. List1. AddItem 2,"XXX"

(18) 表示滚动条控件取值范围最大值的属性是(　　　　)。

　　　　　　A. Max　　　　　　B. LargeChange　　　　C. Value　　　　　　D. Max-Min

　　(19) 文本框(TextBox)常用来输入用户的密码,为了防止被其他人看到,常将密码显示为"＊",应在文本框的(　　　　)属性中设置一个"＊"。

　　　　　　A. Name　　　　　　B. Caption　　　　　C. PasswordChar　D. Text

　　(20) List1. Clear 中的 Clear 是(　　　　)。

　　　　　　A. 方法　　　　　　B. 对象　　　　　　C. 属性　　　　　　D. 事件

　　(21) 文本框中选定的内容由下列(　　　　)属性来反映。

　　　　　　A. SelText　　　　　B. SelLength　　　　C. Text　　　　　　D. Caption

　　(22) 为了用计时器控件每秒钟产生 10 个事件,应把其 Interval 属性设置为(　　　　)。

　　　　　　A. 10　　　　　　B. 100　　　　　　　C. 1000　　　　　D. 200

　　(23) 为了使文本框显示滚动条,必须首先把它的一个属性设置为 True,这个属性是(　　　　)。

　　　　　　A. Autosize　　　　B. Alignment　　　　C. ScrollBars　　　D. MultiLine

　　(24) 以下说法中错误的是(　　　　)。

　　　　　　A. 如果把一个命令按钮的 Default 属性设置为 True,则按 Enter 键与单击该命令按钮的作用相同

　　　　　　B. 可以用多个命令按钮组成命令按钮数组

　　　　　　C. 命令按钮只能识别鼠标单击事件

　　　　　　D. 通过设置命令按钮的 Enabled 属性,可以使该命令按钮有效或禁用

　　(25) 比较图片框(PictureBox)和图像框(Image)的使用,正确的描述是(　　　　)。

　　　　　　A. 两类控件都可以设置 AutoSize 属性,以保证装入的图形可以自动改变大小

　　　　　　B. 两类控件都可以设置 Stretch 属性,使得图形根据物件的实际大小进行拉伸调整,显示图形的所有部分

　　　　　　C. 当图片框(PictureBox)的 AutoSize 的属性为 False 时,只在装入图元文件(＊.wmf)时,图形才能自动调整大小以适应图片框的尺寸

　　　　　　D. 当图像框(Image)的 Stretch 属性为 True 时,图像框会自动改变大小以适应图形的大小,使图形充满图像框

　　(26) 图像框中的 stretch 属性为 true 时,其作用是(　　　　)。

　　　　　　A. 只能自动设定图像框长度

　　　　　　B. 图形自动调整大小以适应图像控件

　　　　　　C. 只能自动缩小图像

　　　　　　D. 只能自动扩大图像

　　(27) 设置一个单选按钮(OptionButton)所代表选项的选中状态,应当在属性窗口中改变的属性是(　　　　)。

　　　　　　A. Caption　　　　B. Name　　　　　　C. Text　　　　　　D. value

　　(28) 滚动条控件的 LargeChange 属性所设置的是(　　　　)。

　　　　　　A. 单击滚动条和滚动箭头之间的区域时,滚动条控件 value 属性值的改变量

　　　　　　B. 滚动条中滚动块的最大移动位置

C. 滚动条中滚动块的最大移动范围

D. 滚动条控件无该属性

（29）在窗体上画一个 List1 控件和一个 Command1 控件，单击命令按钮后列表框 List1 能出现"大家学 VB"的程序是（　　）。

A. Private Sub Command1_Click()
　　List1. AddItem ＝"大家学 VB"
　　End Sub

B. Private Sub Command1_Click()
　　List1. AddItem "大家学 VB"
　　End Sub

C. Private Sub Command1_Click()
　　List1. Text "大家学 VB"
　　End Sub

D. Private Sub Command1_Click()
　　List1. Font "大家学 VB"
　　End Sub

（30）在窗体上画一个 Combo1 控件和一个 Command1 控件，然后编写如下两个事件过程，运行程序后窗体上显示出来的结果是（　　）。

```
Private Sub Form_Activate()
x=Combo1.List(1)
Print x
End Sub
Private Sub Form_Load()
Combo1.AddItem "VC"
Combo1.AddItem "VB"
Combo1.AddItem "VFP"
End Sub
```

A. VB　　　　　　B. VC　　　　　　C. VFP　　　　　　D. 0

（31）设窗体上有一个列表框控件 List1，含有若干列表项，则能表示当前被选中的列表项内容的是（　　）。

A. List1. List　　B. List1. ListIndex　　C. List1. Index　　D. List1. Text

（32）当利用 Line 方法进行添加图时，以下正确的说法是（　　）。

A. 有 7 种不同的线型，而且不管线宽多少都可以绘制虚线/点划线/点线

B. 使用 Line(300,300)-(3000,1200) 和 Line(300,300)-Step(900,1300) 将绘制两条相同位置的直线

C. 可利用 Line 方法添加矩形，如 Line(300,300)-(2000,2000),BF

D. 可利用 Line 方法添加矩形，如 Line(300,300)-(2300,2300),B+F

（33）垂直滚动条的 SmallChange 属性所表示的是（　　）。

A. 滚动框在滚动条上的位置

B. 滚动条所能表示的最小值

C. 当单击滚动条中滚动框前面或后面的部位时，Value 属性的增减量

D. 当单击滚动条两端的箭头时，Value 属性的增减量

（34）将列表框修改为复选框样式，可修改其 Style 属性值为（　　）。

A. True　　　　　　B. False　　　　　　C. 0　　　　　　D. 1

(35) 假定已在窗体上画了多个控件,并有一个控件是活动的,为了在属性窗口设置窗体的属性,预先应执行的操作是(   )。

    A. 单击窗体上没有控件的地方

    B. 单击任一个控件

    C. 不执行任何操作

    D. 双击窗体的标题栏

(36) 下列关于 CommandButton 控件的叙述正确的是(   )。

    A. CommandButton 控件的 Caption 属性决定按钮上显示的内容

    B. 单击 VISUAL BASIC 应用程序中的按钮,则系统激活按钮控件对应的 Change 事件

    C. CommandButton 控件的 name 属性决定按钮上显示的内容

    D. 以上都不对

(37) 以下叙述中正确的是(   )。

    A. 组合框包含了列表框的功能

    B. 列表框包含了组合框的功能

    C. 列表框和组合框的功能无相近之处

    D. 列表框和组合框的功能完全相同

(38) 图片框比图像框在使用时有所不同,以下叙述中正确的是(   )。

    A. 图片框比图像框占内存少

    B. 图像框内还可包括其他控件

    C. 图片框有 Stretch 属性而图像框没有

    D. 图像框有 Stretch 属性而图片框没有

(39) 当对象失去焦点时,将会发生(   )事件。

    A. GetFocus   B. LostFocus   C. Focus   D. SetFocus

(40) 不论哪种控件,共同具有的是(   )属性。

    A. Text   B. Name   C. ForeColor   D. Caption

(41) 单击滚动条的箭头时,产生的事件是(   )。

    A. Scroll   B. Change   C. A 和 B   D. Move

(42) 在程序运行期间,如果拖动滚动条上的滚动块,则触发的滚动条事件是(   )。

    A. Move   B. Change   C. Scroll   D. GetFocus

(43) 为了使一个组合框成为下拉式列表框,应将其 Style 属性设置为(   )。

    A. 0   B. 1   C. 2   D. 3

(44) 设组合框 Combo1 中有三个列表项,为了删除其最后一项,应使用的语句是(   )。

    A. Combo1. RemoveItem Combo1. ListCount

    B. Combo1. RemoveItem 3

    C. Combo1. RemoveItem Combo1. ListCount−1

    D. Combo1. RemoveItem Combo1. Text

(45) 以下关于焦点的叙述中,错误的是(　　)。

    A. 如果文本框的 Tabstop 属性为 False,则该文本框不能接收键盘输入的数据

    B. 当文本框失去焦点时,触发 LostFocus 事件

    C. 当文本框 Enabled 属性为 False 时,其 Tab 顺序不起作用

    D. 可以用 TabIndex 属性的值改变 Tab 顺序

(46) 当设置文本框的 ScrollBars＝Both,而文本框确没有显示出滚动条,原因是(　　)。

    A. 文本框中没有内容

    B. 文本框的 MultiLine＝False

    C. 文本框的 Locked＝True

    D. 文本框的 MultiLine＝ True

(47) 要使鼠标指定"命令按钮"时出现一个提示文本,应设置其(　　)属性。

    A. Caption   B. Picture

    C. ToolTipText   D. Style

(48) 下面关于对象属性的叙述中,不正确的是(　　)。

    A. 属性是对一个对象特征的描述

    B. 属性都有名称、取值类型、值

    C. 属性的值必须在设计时确定

    D. 有些属性的值可以在程序运行时改变

2. 填空题

(1) 文本框的_____属性设置为 True 时,在运行时文本框不能编辑。

(2) 文本框的_____属性设置为 True 时,在运行时文本框可接受多行。

(3) 设置所画的线条宽度,可选用_____属性。

(4) 在窗体上加一个文本框(其名称为 Text1),编写如下事件过程:

```
Private Sub Text1_Keydown(KeyCode As Integer,Shift AS Integer)
    Print Chr (KeyCode-3);
End Sub
```

则程序运行后,如果 Text1 文本框输入 EFG,则在窗体上输入的内容为_____;而如果在 Text1 文本框中输入 efg 时,则在窗体上输出结果为_____。

(5) 为了在运行时把 d:\pic 文件夹下的图形文件 a .jpg 装入图片框 Picture1,所使用的语句为_____。

(6) 在窗体上添加一个文本框,名为 text1,然后编写如下的 load 事件过程,则程序运行时在文本框中显示_____。

```
Private Sub Form_Load()
    Text1.Text=" "
```

```
        t=1
        For k=10 To 6 Step-2
            t=t * k
        Next k
        Text1.Text=t
    End Sub
```

(7) 假定 A1 是列表框,给列表框增加一个列表项"计算机"正确的命令是_____。

(8) 假定有一个文本框 Text1,为了使该文本框具有焦点,应执行的语句是_____。

(9) 在执行 KeyPress 事件过程时,KeyAscii 是所按键的_____码。

(10) 标签控件中,要更改文字对齐方式的属性是_____。

(11) 在程序代码中清除当前窗体中图形的语句是_____。

(12) 能触发滚动条 Scroll 事件的操作是_____。

(13) 在列表框中当前被选中列表项的序号是由_____属性表示的。

(14) 决定窗体标题栏显示内容的属性是_____。

(15) 要求设置定时器时间间隔为 1 秒钟,那么它的 Interval 属性值等于_____。

(16) _____控件在运行时一定是不可见的。

(17) 将形状控件绘制的图形填充成蓝色的语句是_____。

(18) Visual Basic 中可通过_____方法画圆。

(19) 单击滚动条两端的任一个滚动箭头,将触发该滚动条的_____事件。

(20) 若要将窗体隐藏,则实现的方法为_____。

(21) 语句 Picture1. Circle(800,1000),500 的含义是_____。

(22) 为了能自动放大或缩小图像框中的图形以便于图像框的大小相适应,必须把该图形框的 Stretch 属性设置为_____。

(23) 当对命令按钮的 Picture 属性装入 .bmp 图形文件后,选项按钮上并没有显示所需的图形,原因是没有对_____属性设置为 1(Graphical)。

(24) 在窗体中有两个文本框控件 Text1 和 Text2,焦点在 Text2 中,现在要把焦点移到 Text1 中,应使用的语句是_____。

(25) 要把 Label 控件中显示的文字颜色设置为红色,应设置 Label 控件的_____属性。

(26) 要把 Label 控件的背景设置为透明,可把该控件的_____属性设置为 0。

(27) 要使文本框可以显示多行文本,应把文本框的_____属性设置为 True。

(28) 文本框的_____属性用来表示文本框中被选定的字符长度。

(29) 文本框的_____属性用来设置在文本框中显示的最多字符个数。

(30) 文本框中的内容改变时,将会发生_____事件。

(31) 列表框中的_____表示列表框中最后一项的序号。

(32) 组合框是组合了文本框和列表框的特性而形成的一种控件,_____风格的组合框不允许用户输入列表框没有的项。

(33) 列表框中的_____和_____属性为数组。

（34）要使列表框中的选项能同时选中多个,应设置列表框的_____属性。

（35）列表框的_____决定列表框中项目在程序运行期间是否按字母顺序排列,如果该属性为 True,则按字母顺序排列显示;为 False,则按项目加入的先后顺序排列显示。

（36）可使用列表框的_____方法向列表框中增加一个项目。

（37）组合框有三种不同的风格:下拉式组合框、_____和下拉式列表框。可通过_____属性来设置。

（38）滚动条响应的重要事件有_____和_____。

（39）滚动条的_____属性表示滚动条内滑块所处位置所代表的值。

（40）如果要求每隔 15 秒钟激发一次计算器事件,应将 Interval 属性设置为_____。

（41）在程序运行时,如果将框架的_____属性设为 False,则框架的标题成灰色,表示框架内的所有对象均被屏蔽,不允许用户对其进行操作。

（42）要使形状控件显示出一个矩形,可设置它的_____属性。

（43）所谓 Tab 顺序,就是指_____在各个控件之间移动的顺序。

（44）当原对象被拖动到目标对象上方时,在目标对象上将引发_____事件,释放时又会引发_____事件。

（45）关闭计时器,可以通过_____属性设置。

（46）图像框控件占用系统资源比图形框_____。

（47）当双击控件工具箱中的控件时,系统默认把控件放在_____中。

（48）向当前工程中添加窗体的操作步骤是:打开_____菜单,选择_____命令。

（49）要是标签的背景透明(与其容器的背景一致),应设置其_____属性值为0。

（50）app. path 返回值的含义是_____。

第 8 章 界面设计

8.1 预备知识

用户界面是应用程序的一个非常重要的组成部分,主要负责用户和应用程序之间的交互。Visual Basic 提供了大量的用户界面设计工具和方法,本章将在第 7 章常用控件的基础上继续介绍其他几种常用的用户界面设计技术,如菜单、通用对话框、工具栏、多重窗体和多文档应用程序等。

8.1.1 菜单的设计

大多数 Windows 应用程序的用户界面都具有菜单,菜单为用户提供命令分组,使用户能方便、直观地访问这些命令。在实际应用中,菜单可分为下拉式菜单和弹出式菜单两种基本类型。下拉式菜单由一个主菜单和若干子菜单组成,一般位于窗体顶端的菜单栏上,单击菜单标题弹出菜单。弹出式菜单是独立于窗体菜单栏而在窗体内浮动显示的,显示的内容往往根据单击的对象不同而不同。

不管是下拉菜单还是弹出式菜单,都是在菜单编辑器中设置的,如图 8.1 所示。

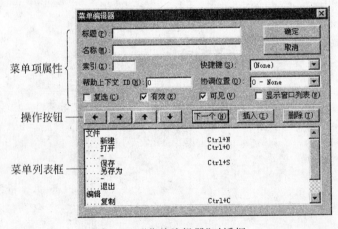

图 8.1 "菜单编辑器"对话框

1. 下拉菜单的设计方法

在程序设计状态,选择"工具"→"菜单编辑器"命令,即可打开图 8.1 所示的"菜单编辑器"对话框。在对话框中可以设置菜单的标题(Caption)、名称(Name)、热键以及快捷键等属性值。在 Visual Basic 中,可对菜单进行分级,最多可产生 6 级菜单,也就是说每一个创建的菜单至多有 5 级子菜单,其中每个菜单分别是一个控件,各自拥有唯一的名称。位于菜单栏上的菜单为一级菜单,也叫主菜单。需注意的是,一级菜单不能定义快捷键。菜单控件只能识别 Click 事件。

2. 弹出菜单的设计方法

弹出式菜单可以看做是菜单的快捷方式,用户不需要到窗体顶部去打开菜单再选择菜单项,只需要单击鼠标右键就可以访问所需的菜单,这样操作简便、快捷。Visual Basic 中弹出式菜单的设计方法与下拉式菜单相同,只需取消对一级菜单的"可见"复选框中勾选。

程序运行时,可使用窗体的 PopupMenu 方法来显示弹出式菜单,其语法格式如下:

```
[对象名.]PopupMenu <菜单名>[,flags,x,y]
```

① 对象名:用来指定窗体对象,即显示哪个窗体上设计的弹出式菜单。若默认,则为当前的 Form 对象。

② 菜单名:为指定的弹出式菜单的 Name 属性。

③ flags:标志,为一个数值,用来指定弹出式菜单的位置和行为,它可以采用表 8-1 中的值。

④ x,y:指定弹出式菜单的 x 轴和 y 轴坐标,默认值为鼠标的 x 轴和 y 轴坐标。

表 8-1　用于描述弹出式菜单位置

常 数 位 置	值	描　　述
vbPopupMenuLeftAlign	0	缺省值。弹出式菜单的左边界定位于 x
vbPopupMenuCenterAlign	4	弹出式菜单以 x 为中心
vbPopupMenuRightAlign	8	弹出式菜单的右边界定位于 x
常 数 行 为	值	描　　述
vbPopupMenuLeftButton	0	缺省值。仅当使用鼠标左键时,弹出式菜单中的项目才响应鼠标单击
vbPopupMenuRightButton	2	不论使用鼠标右键还是左键,弹出式菜单中的项目都响应鼠标单击

8.1.2　通用对话框

通用对话框向用户提供了打开、另存为、颜色、字体、打印和帮助 6 种类型的对话框,使用它们可以减少设计程序的工作量。程序运行时不会显示通用对话框,可以通过 Action 属性打开,也可以通过 Show 方法打开,如表 8-2 所示。通用对话框仅提供了一个用户和应用程序的信息交互界面,具体的功能还需编写相应的程序实现。

表 8-2　Action 属性和 Show 方法

通用对话框类型	Show 方法	Action 属性
"打开"对话框	ShowOpen	1
"另存为"对话框	ShowSave	2
"颜色"对话框	ShowColor	3
"字体"对话框	ShowFont	4
"打印"对话框	ShowPrinter	5
"帮助"对话框	ShowHelp	6

使用通用对话框前应先将通用对话框图标添加到工具箱:右击工具箱,在弹出的快捷菜单中选择"部件"命令,弹出"部件"对话框;或者选择"工程"→"部件"命令,弹出"部件"对话框。在该对话框中选中 Microsoft Common Dialog Control 6.0 复选框,如图 8.2 所示,单击"确定"按钮即可将通用对话框添加到工具箱中。

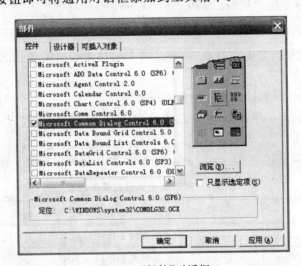

图 8.2　"部件"对话框

通用对话框的属性不仅能在属性窗口中设置,也可以右击通用对话框控件,在"属性页"对话框中设置,如图 8.3 所示。

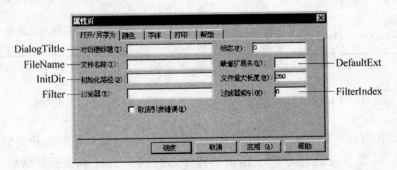

图 8.3　通用对话框的"属性页"对话框

8.1.3　工具栏的设计

Visual Basic 允许用户创建自己的工具栏,工具栏为用户提供了应用程序中最常用的菜单命令的快速访问方法,进一步增强应用程序的菜单界面。

创建工具栏需要使用 ActiveX 控件中的工具栏(Toolbar)控件和图像列表(ImageList)控件。在 Visual Basic 标准工具箱里没有 ActiveX 控件,用时必须添加。添加过程如下:选择"工程"→"部件"命令,弹出"部件"对话框。在"部件"对话框的"控件"选项卡中选择 Microsoft Windows Common Controls 6.0 复选框,单击"确定"按钮,关闭"部件"对话框。在标准工具箱上就可以看到多出的工具栏按钮 ⊔ 和图像列表框 ⊟ 等。

图像列表框控件是包含图像的集合,该集合中的每个图像对象都可以通过其索引(Index)或关键字(Key)属性被引用。图像列表框控件不能独立使用,只是作为一个便于向其他控件提供图像的资料中心,相当于图像的仓库。Visual Basic 中常通过 ToolBar、TabStrip 和 ImageCombo 等 Windows 通用控件来使用图像列表中的图像,在使用前必须先将图像列表对象绑定在 Windows 通用控件上。需要注意的是,图像列表对象一旦被绑定到 Windows 通用控件上,就不能再删除其中的图像,只可以在集合的末尾添加图像。如需要删除图像,必须先取消绑定。

创建用户自定义工具栏的一般步骤如下:

(1) 在窗体上放置工具栏和图像列表对象。

在 Visual Basic 工具箱上单击 ToolBar 控件,并拖到窗体的任何位置,创建一个 ToolBar 对象,Visual Basic 自动将 ToolBar1 移动到顶部。单击 ImageList 控件,并拖到窗体的任何位置(位置不重要,因为它总是不可见的),创建一个图像列表对象 ImageList1。

(2) 设置图像列表对象属性,将所需的图像引入到图像列表中。

右击 ImageList1,从弹出的快捷菜单中选择"属性"命令,进入"属性页"对话框,选择"图像"选项卡,单击"插入图片"按钮,将预先准备好的图像添加到 ImageList1 中,如图 8.4 所示。重复此步骤添加多幅图片。

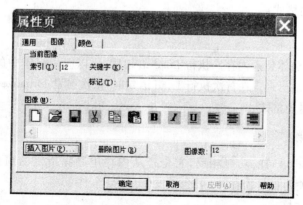

图 8.4　图像列表的"属性页"对话框

8.1.4 多重窗体的设计

在实际应用中,尤其是对于比较复杂的应用程序,一个窗体难以满足需要,必须通过多个窗体来实现,这就是多重窗体。在多重窗体中,每个窗体都有自己的界面和程序代码,分别完成不同的功能。

创建 Visual Basic 应用程序时默认只有一个窗体,选择"工程"→"添加窗体"命令,可以添加一个新的窗体,或者可以将一个属于其他工程中的窗体添加到当前工程中来。在缺省情况下,程序开始运行时,首先执行的是窗体 Form1,这是因为 Form1 为系统默认的启动对象。若要设置其他窗体或子过程为启动对象,应选择"工程"→"属性"命令,如图 8.5 所示。运行程序,首先加载和显示的是启动窗体,通过启动窗体上的事件过程加载和显示其他窗体。

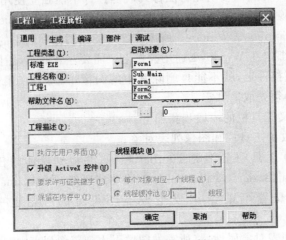

图 8.5 "工程属性"对话框

1. 与多重窗体程序设计有关的语句和方法

(1) Load 语句格式:

Load 窗体名称

该语句把一个窗体装入内存。执行 Load 语句后,可以应用窗体中的控件及各种属性,但此时窗体没有显示出来。在首次执行 Load 语句时,依次触发 Initialize 和 Load 事件。

(2) Unload 语句格式:

Unload 窗体名称

该语句和 Load 语句的功能相反,它是指从内存中删除指定的窗体。常用的方法是 Unload Me,表示关闭自身窗体,一般会激发 Unload 事件。

(3) Show 方法格式:

[窗体名称.]Show[模式]

该方法用来显示一个窗体,它兼有加载和显示窗体两种功能。其中模式有两种状态,有 0 和 1 两个值,0 表示窗体是非模式型,可以对其他窗口进行操作;1 表示窗体是模式型,只有关闭该窗体才能对其他窗口进行操作。当窗体成为活动窗口后,会触发窗体的 Activate 事件。

（4）Hide 方法格式：

```
[窗体名称.]Hide
```

该方法用来将窗体暂时隐藏起来,但并没有从内存中删除。

2. 多重窗体中,不同窗体之间的数据访问方法

（1）用一个窗体直接去访问其他窗体上的数据,如全局变量和控件属性。

形式如下：

```
其他窗体名.控件名.属性
其他窗体名.全局变量名
```

例如,将 Form2 窗体上 Text2 文本框中的数据直接赋值给 Form1 窗体上的 Text1 文本框,实现语句如下：

```
Form1.Text1.Text=Form2.Text2.Text
```

例如,将 Form2 窗体上变量 sum 的数据直接赋值给 Form1 窗体上的 Text1 文本框,实现语句如下：

```
Form1.Text1.Text=Form2.sum
```

（2）在模块上定义公共变量,实现相互访问。

为了实现窗体间数据的访问,一个有效的方法是添加标准模块,在模块中定义公共变量。例如,添加标准模块 Module1,然后在其中定义如下的变量：

```
Public a As Integer
```

在 Form1 和 Form2 窗体中都可以直接使用该变量 a,实现语句如下：

```
Form1.Text1.Text=a
Form2.Text2.Text=a
```

8.1.5 多文档界面的设计

多文档界面(Multiple Document Interface,MDI)是指在一个父窗口中可以同时打开多个子窗口。MDI 应用程序允许用户同时显示多个文档,每个文档显示在它自己的窗口中,文档或子窗口被包含在父窗口中。父窗口为应用程序中所有的子窗口提供工作空间。子窗口隶属于父窗口,如果父窗口关闭,则所有子窗口全部关闭。常见的 Windows 应用程序常采用多文档界面。

MDI 窗体的创建分以下几个步骤：

（1）设置初始窗体属性。

首先启动一个新的工程，在屏幕上就会出现一个空白窗体，将窗体的 MDIChild 属性设置为 True，就可将标准窗体设置为 MDI 应用程序的子窗体。

（2）建立 MDI 窗体。

选择"工程"→"添加 MDI 窗体"命令，或在工具栏上单击"添加窗体"按钮右边的下拉箭头，在弹出的菜单中单击"添加 MDI 窗体"菜单项。此时，在"工程资源管理器"窗口中会出现一个独特的 MDI 窗体图标。图 8.6 所示是建立的三种不同类型的窗体。

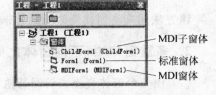

图 8.6　MDI 窗体示意图

注意：一个工程中只允许含有一个 MDI 窗体。

（3）添加子窗体，设置 MDIChild 属性。

选择"工程"→"添加窗体"命令，弹出"添加窗体"对话框，选择"窗体"，单击"打开"按钮，设置窗体的 MDIChild 属性为 True，就在 MDI 窗体中添加一个子窗体。重复此操作，即可添加多个子窗体。

8.2　本章实验

8.2.1　实验 8-1　下拉式菜单设计

1. 示例实验

【实验目的】

（1）掌握菜单编辑器的使用。

（2）掌握下拉式菜单的编辑与修改。

（3）掌握菜单事件过程的编写方法。

【实验内容】

在窗体上创建一个下拉式菜单，测试菜单的快捷键和热键的功能。在窗体上放置一个标签，通过菜单项的选择改变标签的前景色和背景色。

【实验分析】

标签背景色、前景色可以通过调用 RGB 函数设置。一个 RGB 颜色值指定红、绿、蓝三原色的相对亮度，生成一个用于显示的特定颜色，取值范围是 0～255。RGB 三色亮度都取 255 时为白色，都取 0 时为黑色，取其他相同值时即为灰色。

图 8.7　示例 1 运行界面

【实验步骤】

（1）窗体界面设计。

为窗体设置一个标签，并利用"菜单编辑器"建立菜单，如图 8.7 所示。

—————————— Visual Basic 程序设计实验教程

（2）属性设置。

将标签 Label1 的 Caption 属性设置为"这是前景色"，设置 Font 属性为隶书、初号。窗体的背景色设置为黄色，与标签的背景色区分开来，下拉式菜单属性设置如表 8-3 所示。

表 8-3　下拉式菜单属性设置表

标　题	名　称	快 捷 键	菜 单 级 别
颜色(&C)	mnuColor		1
前景色(&F)	mnuForeColor		2
红色	mnuRed	Ctrl+R	3
蓝色	mnuBlue	Ctrl+B	3
绿色	mnuGreen	Ctrl+G	3
—	mnuLine		2
白背景	mnuWhite	Ctrl+W	2
灰背景	mnuGrey	Ctrl+Y	2
退出(&X)	mnuExit		1

（3）代码设计。

```
Private Sub mnuBlue_Click()
    Label1.ForeColor=RGB(0,0,255)
End Sub


Private Sub mnuGreen_Click()
    Label1.ForeColor=RGB(0,255,0)
End Sub


Private Sub mnuGrey_Click()
    Label1.BackColor=RGB(200,200,200)
End Sub


Private Sub mnuRed_Click()
    Label1.ForeColor=RGB(255,0,0)
End Sub


Private Sub mnuWhite_Click()
    Label1.BackColor=RGB(255,255,255)
End Sub
```

（4）运行并保存程序。

程序运行后，测试快捷键和热键，观察运行结果，最后将窗体和工程保存。

2. 实验作业

（1）在名称为 Form1 的窗体上画两个文本框，名称分别为 Text1 和 Text2，均无初始内容。再建立两个下拉菜单，其中一个菜单标题为"操作 1"，名称为 M1，此菜单下含有两个菜单项，标题分别为"复制"和"清除"，名称分别为 Copy 和 Clear；另一个菜单标题为"操作 2"，此菜单下含有两个菜单项,标题分别为"显示"和"隐藏",名称分别为 Show 和 Hide。请编写适当的事件过程,使得在运行时,单击"复制"菜单项,则把 Text 1 中的内容复制到 Text 2 中;单击"清除"菜单项,则清除 Text 2 中的内容;单击"显示"菜单项,则显示 Text 2 文本框;单击"隐藏"菜单项,则不显示 Text 2 文本框。运行时的窗体如图 8.8 和图 8.9 所示。

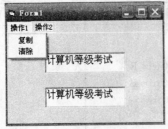
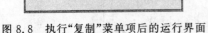
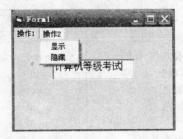

图 8.8　执行"复制"菜单项后的运行界面　　　图 8.9　执行"隐藏"菜单项后的运行界面

（2）在窗体上画一个文本框,把该文本框的 MultiLine 属性设置为 True,Scrolls 属性设置为 3,通过菜单命令控制文本框中字体的外观、名称、大小和颜色。菜单包括 5 个主菜单,每个主菜单有 2~4 个子菜单,各菜单的属性设置如表 8-4 所示。要求程序运行时,自动将内容加载到文本框内,单击输入与输出菜单下的"输入信息"子菜单时,将文本框清空,并将焦点设置在文本框中。程序运行时如图 8.10 所示。

表 8-4　菜单项属性设置

标　题	名　称	快捷键	菜单级别
输入与输出(&Q)	IoQuit		1
输入信息	Input	Ctrl+P	2
退出	Quit	Ctrl+Q	2
字体外观(&F)	fonFace		1
粗体	fonBold	Ctrl+B	2
斜体	fonItalic	Ctrl+I	2
下划线	fonUnder	Ctrl+U	2
删除线	fonStri	Ctrl+T	2
字体名称(&N)	fonName		1
宋体	fonS	Ctrl+S	2
隶书	fonL	Ctrl+L	2
黑体	fonH	Ctrl+H	2
幼圆	fonY	Ctrl+Y	2
字体大小(&S)	fonSize		1
14	fon14		2
20	fon20		2
24	fon24		2
32	fon32		2
字体颜色(&C)	fonColor		1
红色	fonRed		2
蓝色	fonBlue		2
黑色	fonBlack		2
黄色	fonYellow		2

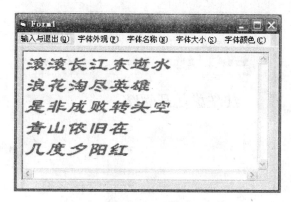

图 8.10　运行界面

提示：

① Form_Load 事件过程代码如下：

```
Private Sub Form_Load()
    c=Chr(13)+Chr(10)
    msg="滚滚长江东逝水" & c
    msg=msg & "浪花淘尽英雄" & c
    msg=msg & "是非成败转头空" & c
    msg=msg & "青山依旧在" & c
    msg=msg & "几度夕阳红"
    Text1.Text=msg
End Sub
```

② 字体颜色中的红色、蓝色、黑色、黄色分别由系统常量 vbRed、vbBlue、vbBlack 和 vbYellow 来表示。

8.2.2　实验 8-2　弹出式菜单设计

1. 示例实验

【实验目的】

（1）掌握菜单编辑器的使用方法。

（2）掌握弹出式菜单的编辑与修改。

（3）掌握事件过程的编写。

【实验内容】

建立一个弹出式菜单，然后在窗体的不同位置显示该菜单。要求窗体上有一个文本框和一个框架，框架内有 4 个单选按钮，运行时选择不同的单选按钮，可以在窗体的不同位置显示弹出式菜单。执行菜单中的命令，可以对文本框中的内容进行简单格式化，运行情况如图 8.11 所示。

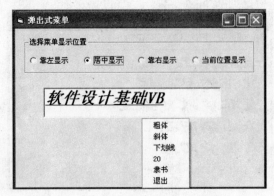

图 8.11　弹出式菜单运行界面

【实验分析】

一般情况下,在鼠标光标位置显示弹出式菜单,鼠标光标位于弹出式菜单矩形区域的左上角或右下角。使用 PopMenu 方法,可以使弹出式菜单出现在窗体的不同地方。

【实验步骤】

(1) 窗体设计。

参照图 8.10,在窗体上添加一个文本框,一个框架和 4 个单选按钮,并根据图示设置所添加控件的标题属性。

(2) 弹出式菜单的设计。

选择"工具"→"菜单编辑器"命令,新建一个弹出式菜单,该菜单的属性如表 8-5 所示。

表 8-5　菜单项属性设置

标　题	名　称	菜单级别	标　题	名　称	菜单级别
格式化	popMenu	1	20	font20	2
粗体	popBold	2	隶书	fontLs	2
斜体	popItalic	2	退出	Quit	2
下划线	popUnder	2			

(3) 代码设计。

```
Private Sub popBold_Click()
    Text1.FontBold=True
End Sub


Private Sub popItalic_Click()
    Text1.FontItalic=True
End Sub


Private Sub popUnder_Click()
    Text1.FontUnderline=True
End Sub
```

Visual Basic 程序设计实验教程

```
Private Sub font20_Click()
    Text1.FontSize=20
End Sub

Private Sub fontLs_Click()
    Text1.FontName="隶书"
End Sub

Private Sub quit_Click()
    End
End Sub

Private Sub Option1_Click()
    PopupMenu popmenu,0,Form1.ScaleLeft,Form1.ScaleHeight/2          '菜单靠左显示
    Option1.Value=False
End Sub

Private Sub Option2_Click()
    PopupMenu popmenu,0,Form1.ScaleWidth/2,Form1.ScaleHeight/2    '菜单居中显示
    Option2.Value=False
End Sub

Private Sub Option3_Click()
    PopupMenu popmenu,0,Form1.ScaleWidth-1300,Form1.ScaleHeight/2
'菜单靠右显示
    Option3.Value=False
End Sub

Private Sub Option4_Click()
    PopupMenu popmenu                                              '菜单在当前位置显示
    Option1.Value=False
End Sub
```

（4）运行并保存程序。

程序运行后，测试各单选按钮和菜单项的功能，观察运行结果，最后将窗体和工程保存。

2. 实验作业

（1）窗体上有一个图片框，要求建立一个弹出式菜单，该菜单有 5 个子菜单项，其中一个为"退出"，用来结束程序运行，其余 4 个子菜单分别为 4 个图形文件的名字。单击某个子菜单后，在图片框中显示相应的图形。运行情况如图 8.12 所示。

图 8.12　运行界面

(2) 建立一个弹出式菜单,该菜单包括 4 个命令,分别为三十六计中的"瞒天过海"、"围魏救赵"、"借刀杀人"和"以逸待劳"。程序运行后,单击弹出菜单中的某个命令,在标签中显示相应的"计"的标题,而在文本框中显示相应的"计"的内容。要求:标签中字体为黑体,字号为 24。文本框中字体为幼圆,字号为 20,粗体。设计界面和运行界面如图 8.13 和图 8.14 所示。

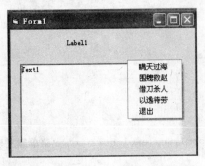

图 8.13　设计界面

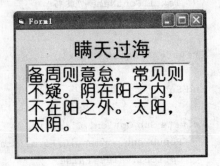

图 8.14　运行界面

提示:三十六计中前 4 计的内容如下:

第一计:瞒天过海

备周则意怠,常见则不疑。阴在阳之内,不在阳之外。太阳,太阴。

第二计:围魏救赵

共敌不如分敌,敌阳不如敌阴。

第三计:借刀杀人

敌已明,友未定,引友杀敌,不自出力,以损推演。

第四计:以逸待劳

困敌之势,不以战,损则益柔。

8.2.3　实验 8-3　通用对话框

1. 示例实验

【实验目的】

(1) 了解通用对话框的分类及其特点。

(2) 掌握通用对话框的设计方法。

【实验内容】

编写程序,建立由通用对话框提供的各种对话框。在窗体上画一个通用对话框控件,再画一个命令按钮和一个框架控件,标题分别为"显示对话框"和"请选择对话框:",框架内添加 6 个单选按钮,标题分别为"打开文件"、"保存文件"、"颜色"、"字体"、"打印机"和"帮助",如图 8.15 所示。

———— Visual Basic 程序设计实验教程

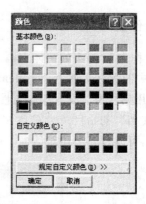

图 8.15　通用对话框运行界面

【实验分析】

这是一个通用对话框的综合测试程序。程序运行后,如果选择一个单选按钮,然后单击命令按钮,则显示相应的对话框。例如,选择"打开文件"单选按钮,再单击命令按钮,则显示"打开"对话框;而如果选择"颜色"单选按钮,再单击命令按钮,则显示"颜色"对话框。

【实验步骤】

(1) 界面设计。

参照图 8.15,在窗体上添加一个通用对话框控件(运行图中未显示该控件),一个框架控件和一个命令按钮控件,参照运行图设置控件的属性。

(2) 代码设计。

```
Private Sub Command1_Click()
    If Option1.Value=True Then                    '如果选择"打开文件"单选按钮
        CommonDialog1.ShowOpen                     '显示打开文件通用对话框
    ElseIf Option2.Value=True Then                '否则
        CommonDialog1.ShowSave                     '显示保存文件通用对话框
    ElseIf Option3.Value=True Then                '否则
        CommonDialog1.ShowColor                    '显示颜色通用对话框
    ElseIf Option4.Value=True Then                '否则
        CommonDialog1.Flags=cdlCFBoth
'在使用 ShowFont 方法之前,必须给 cdlCFBoth、cdlCFPrinterFonts 或 cdlCFScreenFonts
设置 Flags 属性
        CommonDialog1.ShowFont                     '显示字体通用对话框
    ElseIf Option5.Value=True Then                '否则
        CommonDialog1.ShowPrinter                  '显示打印通用对话框
    ElseIf Option6.Value=True Then                '否则
        CommonDialog1.HelpFile="VB6.HLP"
        CommonDialog1.HelpCommand=cdlHelpContents '显示帮助目录主题
        CommonDialog1.ShowHelp
    End If
End Sub
```

2. 实验作业

(1) 在名称为 Form1 的窗体上画一个名称为 P1 的图片框,并利用属性窗口把"实验素材"文件夹中的图标文件 folderopen.ico 放到图片框中;再画一个通用对话框控件,名称为 CD1,利用属性窗口设置相应属性,使得打开对话框时:标题为"打开文件",文件类型为"Word 文档",初始目录为 C 盘根目录。再编写适当的事件过程,使得在运行时,单击 P1 图片框,可以打开上述对话框。运行后的窗体如图 8.16 所示。

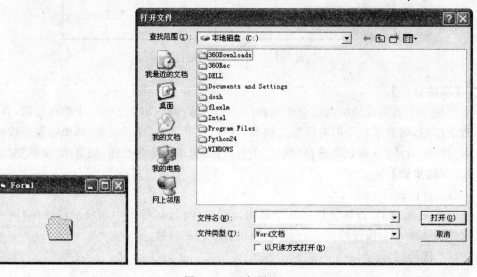

图 8.16　运行界面

(2) 编写程序,在窗体上显示几行信息,通过自己定义的颜色对话框和字体对话框改变这几行信息的颜色和字体。运行时如图 8.17 所示。

提示:要在文本框中显示多行文字,要将文本框的 MultiLine 属性设置为 True。

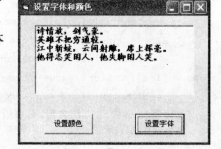

图 8.17　运行界面

8.2.4　实验 8-4　多重窗体

1. 示例实验

【实验目的】

(1) 掌握多窗体程序设计的特点和建立、保存多窗体的方法。

(2) 掌握窗体加载、卸载、显示和隐藏的一般方法。

(3) 掌握多窗体之间数据引用的方法。

【实验内容】

新建一个工程文件,含有 Form1 和 Form2 两个窗体,Form1 为启动窗体。窗体上的控件如图 8.18 所示。程序运行后,在 Form1 窗体的文本框中输入有关信息("密码"文本框中显示"＊"字符),然后单击"提交"按钮,则弹出"确认"对话框,即 Form2 窗体,并在对话框中显示输入的信息,如图 8.19 所示。单击"确认"按钮,则程序结束;单击"重输"按钮,则 Form2 窗体消失,回到 Form1 窗体,并清空三个文本框控件的内容。要求:

(1) 把 Form1 的标题改为"注册",把 Form2 的标题改为"确认"。

(2) 设置适当属性,使 Form2 标题栏上的所有按钮消失。

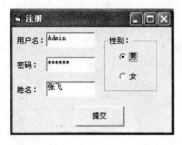

图 8.18　Form1 窗体运行界面

图 8.19　Form2 窗体运行界面

【实验分析】

建立 Visual Basic 应用程序时,自动创建一个窗体。当需要建立多个窗体程序时,通过"工程"菜单或工具栏中相应的按钮执行添加窗体的命令,在当前工程中添加一个新窗体。默认启动窗体为 Visual Basic 程序建立时的第一个窗体。调用 Show 方法显示窗体,调用 Hide 方法隐藏窗体。若要使 Form2 标题栏上的所有按钮消失,设置窗体的 BorderStyle 属性为 1。

【实验步骤】

(1) 界面设计。

在工程文件中新建窗体 Form1 和 Form2,并参照图 8.18 在窗体 Form1 中添加三个标签控件 Label1~Label3,标题分别为"用户名:"、"密码:"和"姓名:";添加三个文本框控件 Text1~Text3,内容清空;添加一个框架控件 Frame1,标题为"性别:";添加两个单选按钮 Option1 和 Option2,标题为"男"、"女";添加一个命令按钮 Command1,标题为"提交"。同样,在 Form2 中添加两个命令按钮 Command1 和 Command2,并修改标题为"确认"和"重输"。

(2) 编写代码。

```
'Form1 窗体的代码
Private Sub Command1_Click()
    Form1.Hide
    Form2.Show
    Form2.Print Form1.Label1.Caption; Form1.Text1
    Form2.Print Form1.Label2.Caption; Form1.Text2
    Form2.Print Form1.Label3.Caption; Form1.Text3
    If Form1.Option1.Value=True Then
        Form2.Print Form1.Frame1.Caption; Form1.Option1.Caption
    ElseIf Form1.Option2.Value=True Then
        Form2.Print Form1.Frame1.Caption; Form1.Option1.Caption
```

```
        End If
End Sub

Private Sub Form_Load()
    Text2.PasswordChar="*"
End Sub
'Form2 窗体的代码
Private Sub Command1_Click()
    End
End Sub

Private Sub Command2_Click()
    Form1.Show
    Form2.Hide
    Form1.Text1.Text=""
    Form1.Text2.Text=""
    Form1.Text3.Text=""
End Sub
```

（3）保存与运行。

将工程文件与窗体 Form1 和 Form2 分别保存，运行并查看运行结果。

2. 实验作业

（1）在工程中添加两个窗体 Form1 和 Form2。在 Form1 上建立 C1、C2 两个命令按钮，标题分别为"隐藏启动窗体"和"关闭窗体"。在窗体 Form2 上创建标题为"打开窗体1"的按钮。将 Form2 设置为启动窗体，单击 Form2 上的按钮，则显示 Form1 窗体；若单击 Form1 上的"隐藏启动窗体"按钮，则 Form2 消失。若单击 Form1 上的"关闭窗体"按钮，则 Form1 和 Form2 消失，程序退出。程序运行时如图 8.20 和图 8.21 所示。

图 8.20　Form2 运行界面

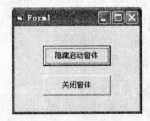

图 8.21　Form1 运行界面

（2）在工程中添加两个窗体，名称分别为 Form1 和 Form2，其中 Form1 是启动窗体。界面如图 8.22 和图 8.23 所示。要求程序运行后，单击"退出"按钮，则结束程序的运行；单击"设置"按钮，则弹出窗体 Form2，如果选中单选按钮和复选按钮，则可对 Form1 上 Text1 文本框中的文字进行相应的设置。如果单击"取消"按钮，则返回窗体 Form1。

（3）在工程中添加两个窗体，名称分别为 Form1 和 Form2。在 Form1 窗体上添加一个名为 Text1 的文本框，初始内容为空，初始状态为不可用。程序功能如下：

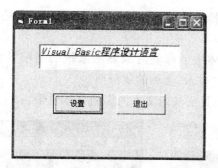

图 8.22 Form1 运行界面

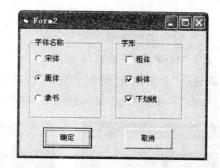

图 8.23 Form2 运行界面

① 单击 Form1 窗体的"输入密码"按钮,则 Text1 变为可用,且获得焦点,输入字符时文本框内显示"*"。

② 输入密码后单击 Form1 窗体的"校验密码"按钮,则判断 Text1 中输入内容是否为小写字符 abc,若是,则隐藏 Form1 窗体,显示 Form2 窗体;若密码输入错误,则提示重新输入,三次密码输入错误,则退出系统。

③ 单击 Form2 窗体上的"返回"按钮,则隐藏 Form2 窗体,显示 Form1 窗体。运行时如图 8.24 和图 8.25 所示。

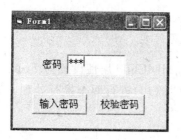

图 8.24 Form1 运行界面

图 8.25 Form2 运行界面

8.2.5 实验 8-5 MDI 窗体

1. 示例实验

【实验目的】

(1) 了解 MDI 窗体和子窗体的特点。

(2) 掌握 MDI 窗体的程序设计方法。

(3) 掌握 MDI 窗体中菜单的运用。

【实验内容】

运用菜单方式访问 MDI 窗体的子窗体。编制一个应用程序,包含一个 MDI(多文档界面)窗体,并包含"诗歌欣赏"、"日期显示"及"字效设置"三个子窗体。在 MDI 窗体中每次只能显示一个子窗体,并运用菜单项选择子窗体的显示。

要求:

(1) 为 MDI 窗体创建菜单,含"显示"和"字效设置"两个菜单。

(2)"诗歌欣赏"子窗体如图 8.26 所示。选择单选按钮,文本框中显示相应作者的诗。文本框为多行显示。

(3)"日期显示"子窗体如图 8.27 所示。窗体中的标签对象显示系统的当前日期。"日期显示"子窗体与"诗歌欣赏"子窗体的控制为"显示"菜单的菜单项。

(4)"字效设置"子窗体如图 8.28 所示。可设置标签内文本内容的字体效果。

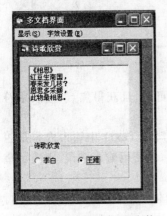

图 8.26 "诗歌欣赏"子窗体
运行界面

图 8.27 "日期显示"子窗体
运行界面

图 8.28 "字效设置"子窗体
运行界面

【实验分析】

创建 MDI 窗体,同时添加三个子窗体,子窗体的 MDIChild 属性设置为 True。"诗歌欣赏"子窗体的多行文本显示可以运用 Chr(13) & Chr(10)进行回车换行处理。显示系统的当前日期可通过调用 Date 函数获取。

【实验步骤】

(1)窗体界面设计。

① 添加 MDI 窗体。选择"工程"→"添加 MDI 窗体"命令,在工程中添加一个 MDI 窗体,将 MDI 窗体的标题设置为"多文档界面"。

② 添加子窗体。选择"工程"→"添加窗体"命令,弹出"添加窗体"对话框。选择"新建"选项卡中的窗体,按此方式添加两个标准窗体。将工程中的三个标准窗体(工程中原先有一个标准窗体)的名称分别设置为 frmPoem、frmDate 和 frmEffect,标题分别设置为"诗歌欣赏"、"日期显示"和"字效设置"。三个窗体的 MDIChild 属性都设置为 True。

(2)菜单设置。

按表 8-6 所示为 MDI 窗体设置两级菜单。

表 8-6 MDI 窗体菜单属性表

标　题	名　称	级数
显示(&S)	mnuShow	1
诗歌欣赏(&P)	mnuPoem	2
日期显示(&D)	mnuDate	2
字效设置(&E)	mnuEffect	1

（3）添加菜单代码。

```
Private Sub mnuDate_Click()
    frmDate.Show                              '显示"日期显示"子窗体
    frmPoem.Hide
    frmEffect.Hide
End Sub


Private Sub mnuEffect_Click()
    frmEffect.Show                            '显示"字效设置"子窗体
    frmDate.Hide
    frmPoem.Hide
End Sub


Private Sub mnuPoem_Click()
    frmPoem.Show                              '显示"诗歌欣赏"子窗体
    frmDate.Hide
    frmEffect.Hide
End Sub
```

（4）运行程序并保存文件。

运行程序，单击菜单，观察运行结果，将 MDI 窗体保存为 F1.frm，三个子窗体分别保存为 F1-1.frm（"诗歌欣赏"子窗体）、F1-2.frm（"日期显示"子窗体）和 F1-3.frm（"字效设置"子窗体），工程保存为 P1.vbp。

（5）完善三个子窗体。

① 按图 8.26 所示，在图 8.26 的"诗歌欣赏"子窗体中添加一个文本框对象、一个框架对象和两个单选按钮对象，并设置属性。添加如下代码：

```
Private Sub Option1_Click()
    Text1.Text="《朝发白帝城》" & Chr(13) & Chr(10) & _
               "朝辞白帝彩云间," & Chr(13) & Chr(10) & _
               "千里江陵一日还。" & Chr(13) & Chr(10) & _
               "两岸猿声啼不住," & Chr(13) & Chr(10) & _
               "轻舟已过万重山。"
End Sub


Private Sub Option2_Click()
    Text1.Text="《相思》" & Chr(13) & Chr(10) & _
               "红豆生南国," & Chr(13) & Chr(10) & _
               "春来发几枝？" & Chr(13) & Chr(10) & _
               "愿君多采撷," & Chr(13) & Chr(10) & _
               "此物最相思。"
End Sub
```

② 在"日期显示"子窗体中添加一个标签对象,并设置标题属性为空。添加如下代码:

```
Private Sub Form_Load()
    Label1.Caption=Date
End Sub
```

③ 在"字效设置"子窗体中添加一个标签对象和两个命令按钮对象,并设置所有对象的标题属性。添加如下代码:

```
Private Sub Command1_Click()
    Label1.FontBold=True
End Sub

Private Sub Command2_Click()
    Label1.FontItalic=True
End Sub
```

(6) 运行程序并保存。

运行程序,单击菜单,操作子窗体,观察运行结果,最后单击"保存"按钮将所有文件保存。

2. 实验作业

运用菜单方式实现 MDI 子窗体的切换。要求具有样例实验的显示菜单功能,同时又可以设置 MDI 窗体的背景色(红或绿)。运行时如图 8.29 所示。

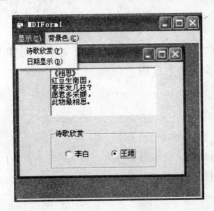

图 8.29　MDI 子窗体运行界面

8.2.6　拓展实验

新建立一个工程,包括三个窗体,界面上的控件布局如图 8.30～图 8.32 所示。要求:

(1) 主界面有一个标签控件,上面有一行文字,自动从左向右滚动,标签最右端碰到窗体右边界的时候开始向左移动;标签最左端碰到窗体左边界时重新向右移动。

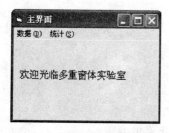  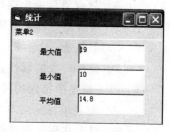

图 8.30　主界面窗体运行界面　图 8.31　输入数据窗体运行界面　图 8.32　统计窗体运行界面

（2）单击主界面的"数据"菜单时，显示"输入数据"界面，隐藏主界面；单击主界面的"统计"菜单时，显示"统计"界面，隐藏主界面。

（3）"输入数据"界面上有一个菜单，标题为"菜单 1"，包括两个子菜单，标题分别为"随机生成 5 个随机数"和"返回"。当单击"随机生成 5 个整数"子菜单时，生成 5 个随机整数并显示在列表框中；单击"返回"子菜单时，"输入数据"界面隐藏，主界面显示。

（4）"统计"界面上也有一个菜单，标题为"菜单 2"，包括一个子菜单，标题为"返回"。当"统计"窗体运行时，自动计算"输入数据"界面中生成的 5 个整数的最大值、最小值和平均值，并写入相应文本框中；单击"菜单 2"下的"返回"子菜单时，显示主界面，隐藏"统计"界面。

8.3　本章习题

1. 单选题

（1）以下叙述中错误的是（　　）。

　A. Visual Basic 窗体的菜单与菜单项都是菜单对象

　B. 菜单分为下拉式菜单与弹出式菜单

　C. 弹出式菜单由单击鼠标右键调出

　D. 弹出式菜单不在菜单编辑器中定义

（2）以下叙述中正确的是（　　）。

　A. 应用程序菜单必须包括应用程序的所有功能

　B. 菜单与菜单项是两种完全不同的对象

　C. 菜单与菜单项都可以添加快速访问键与快捷键

　D. 只有菜单项可以添加快捷键

（3）以下叙述中错误的是（　　）。

　A. 弹出式菜单内列出了与鼠标单击对象相关的常用命令

　B. Visual Basic 通过菜单编辑器编辑菜单

　C. 菜单与菜单项都可以添加"单击"事件过程

　D. 菜单/菜单项的快速访问键与快捷键是同一个概念

（4）以下叙述中正确的是（　　）。

A. 只有菜单项可以设置快捷访问键,而菜单没有

B. 快捷键可以依程序员喜好随意设置

C. 菜单是一个容器,其中包括了菜单命令和子菜单

D. 菜单对象的属性只能在菜单编辑器内修改

(5) 以下叙述中错误的是(　　)。

A. 用菜单标题文本"一"表示菜单中的分隔符

B. 只有在程序设计模式下选中相应窗体后,才能打开菜单编辑器

C. 与其他对象一样,菜单对象也有单击事件过程、双击事件过程、得到焦点与失去焦点事件过程以及其他鼠标键盘事件过程等

D. 菜单与菜单项都可以添加"单击"事件过程

(6) 为了给菜单对象 mnuColor 添加快速访问键 C,需要将其标题属性设置为(　　)。

A. 颜色($C) 　　B. mnuColor(C) 　　C. mnuColor(C) 　　D. 颜色(&C)

(7) 下面列出的菜单对象的快捷键中,(　　)是合法的。

A. Ctrl+T 　　B. Shift+T 　　C. Shift+Ctrl+T 　　D. Alt+T

(8) 弹出式菜单的(　　)属性设置为 False,程序运行时,使用鼠标右键单击相关对象将弹出该菜单。

A. Enabled 　　B. Visible 　　C. Name 　　D. Checked

(9) 以下程序代码能够正确弹出菜单 mnuShape 的语句是(　　)。

A. form.PopupMenu mnuShape 　　B. me.PopupMenu mnuShape

C. mnuShape.PopupMenu 　　D. mnuShape.Show

(10) 有的菜单项前面可以显示选择标记(√),它是利用了菜单对象的(　　)属性。

A. Checked 　　B. Visible 　　C. Enable 　　D. Index

(11) 以下(　　)是建立菜单不必考虑的问题。

A. 菜单应包含与窗体相关的全部操作

B. 设计菜单文字的格式

C. 菜单命令按实际功能分类,并列在相应的主菜单下

D. 给菜单/菜单项添加适当的快速访问键

E. 给常用的菜单命令添加快捷键

(12) 菜单控件的(　　)既可以在窗体的设计阶段通过菜单编辑器设置,在 Visual Basic 开发环境的属性窗口设置,也可以在程序运行中使用语句来改变。

A. Name 与 Caption 　　B. Enabled 与 Checked

C. Name 与 Enabled 　　D. Visible 与 Index

(13) 在用公共对话框控件建立"打开"或"保存"对话框时,如果需要指定文件列表框所列出的文件类型是文本文件(即 .txt 文件),则正确的描述格式是(　　)。

A. "text(.txt)|*.txt" 　　B. "文本文件(.txt)|(.txt)"

C. "text(.txt)|(*.txt)" 　　D. "text(.txt)(*.txt)"

(14) 以下叙述中错误的是(　　)。

A. 在程序运行时,公共对话框控件是不可见的

B. 在同一个程序中,用不同的方法(如 ShowOpen 或 ShowSave 等)打开的公共对话框具有不同的作用

C. 调用公共对话框控件的 ShowOpen 方法,可以直接打开在该公共对话框中指定的文件

D. 调用公共对话框控件的 ShowColor 方法,可以打开"颜色"对话框

(15) 在使用公用对话框控件 CommonDialog1 打开"字体"对话框时,首先需要设置对话框的 Flags 参数值以显示屏幕字体和打印机字体,其设置方法是( )。

    A. CommonDialog1. Flags＝cdlCFPrinterFonts

    B. CommonDialog1. Flags＝cdlCFBoth

    C. CommonDialog1. Flags＝cdlCFScreenFonts

    D. CommonDialog1. Flags＝cdlCFEffects

(16) 自定义对话框时用户创建的作为对话框使用的( ),它可以显示应用程序的输出信息,也可以为应用程序接收信息。

    A. 输入框   B. 公共对话框   C. 窗体   D. 选项

(17) 在 Visual Basic 窗体中要想使用公用对话框控件,需要首先在工程中加载 ActiveX 控件 COMDLG32. OCX,其方法是选择"工程"菜单中的( ),在显示出的对话框内查找 Microsoft Common Dialog Control 6.0 控件,选中其左边的复选框并单击"确定"按钮。

    A. 引用   B. 部件   C. 工程属性   D. 选项

(18) 有一个公用对话框控件 CommonDialog1,下面( )方法可以打开"颜色"对话框。

    A. CommonDialog1. Action＝1   B. CommonDialog1. Action＝2

    C. CommonDialog1. Action＝3   D. CommonDialog1. Action＝4

(19) 窗体内包含公用对话框控件 CommonDialog1,操作 CommonDialog1. ShowSave 可以被下面( )语句替代。

    A. CommonDialog1. Action＝1   B. CommonDialog1. Action＝2

    C. CommonDialog1. Action＝3   D. CommonDialog1. Action＝4

(20) 窗体内包含图像控件 Image1、命令按钮 cmdSave 和共用对话框控件 CommonDialog1,在程序空白处填入适当的语句使程序运行时将图像控件 Image1 中的图片保存到"另存为"对话框内选定的图片文件中。

```
Private Sub cmdSave_Click()
    CommonDialog1.Filter="Bitmap(*.bmp)|*.bmp"
                '图像控件的图片只能以位图的格式保存
    CommonDialog1.ShowSave
    SavePicture Image1.Picture,(    )
End Sub
```

    A. CommonDialog1. Save   B. CommonDialog1. Image1

C. CommonDialog1. FileName　　　　D. CommonDialog1. Name

(21) 窗体内包含公共对话框控件 CommonDialog1,操作(　　)可以打开"字体"对话框。

    A. CommonDialog1. Action＝1　　　B. CommonDialog1. Action＝2

    C. CommonDialog1. Action＝3　　　D. CommonDialog1. Action＝4

(22) 为了利用公共对话框控件 CommonDialog1 打开某个标准对话框,下面(　　)语句与 CommonDialog1. Action＝1 等价。

    A. ShowOpen　　　　　　　　　　B. ShowSave

    C. ShowColor　　　　　　　　　　D. ShowFont

(23) 有两个窗体:要使其中第一个窗体中的第一个命令按钮控制显示第二个窗体,第二个命令按钮用来结束程序的运行(两个按钮名称为 Command1 和 Command2)。则以下选项中,对这两个命令按钮编写的事件过程正确的是(　　)。

A. Private Sub Command1_Click()
   Form2. Show 1
  End Sub
  Private Sub Command2_Click()
   End
  End Sub

B. Private Sub Command1_Click()
   Show 1
  End Sub
  Private Sub Command2_Click()
   End
  End Sub

C. Private Sub Command1_Click()
   Show Form2
  End Sub
  Private Sub Command2_Click()
   End
  End Sub

D. Private Sub Command1_Click()
   Show 1. Form2
  End Sub
  Private Sub Command2_Click()
   End
  End Sub

(24) 以下叙述中错误的是(　　)。

    A. 一个工程中可以包含多个窗体文件

    B. 在一个窗体文件中用 Private 定义的通用过程能被其他窗体调用

    C. 在设计 Visual Basic 程序时,窗体、标准模块、类模块等需要分别保存为不同类型的磁盘文件

    D. 全局变量必须在标准模块中定义

(25) 如果一个工程含有多个窗体及标准模块,则以下叙述中错误的是(　　)。

    A. 如果工程中含有 Sub Main 过程,则程序一定首先执行该过程

    B. 不能把标准模块设置为启动模块

    C. 用 Hide 方法只是隐藏一个窗体,不能从内存中清除该窗体

    D. 任何时刻最多只有一个窗体是活动窗体

(26) 一个工程中含有窗体 Form1、Form2 和标准模块 Model1,如果在 Form1 中有语句 Public X As Integer,在 Model1 中有语句 Public Y As Integer,则以下叙述中正确的

是(　　)。

  A. 变量 X、Y 的作用域相同   B. Y 的作用域是 Model1

  C. 在 Form1 中可以直接使用 X   D. 在 Form2 中可以直接使用 X 和 Y

（27）以下描述中正确的是(　　)。

  A. 标准模块中的任何过程都可以在整个工程范围内被调用

  B. 在一个窗体模块中可以调用在其他窗体中被定义为 Public 的通用过程

  C. 如果工程中包含 Sub Main 过程，则程序将首先执行该过程

  D. 如果工程中不包含 Sub Main 过程，则程序一定首先执行第一个建立的窗体

（28）以下关于多重窗体程序的叙述中，错误的是(　　)。

  A. 用 Hide 方法不但可以隐藏窗体，而且能清楚内存中的窗体

  B. 在多重窗体程序中，各窗体的菜单是彼此独立的

  C. 在多重窗体程序中，可以根据需要指定启动窗体

  D. 对于多重窗体程序，需要单独保存每个窗体

（29）以下叙述中错误的是(　　)。

  A. 一个工程中可以包含多个窗体文件

  B. 在一个窗体中用 Public 定义的通用过程不能被其他窗体调用

  C. 窗体和标准模块需要分别保存为不同类型的磁盘文件

  D. 用 Dim 定义的模块级变量只能在该窗体中使用

2. 填空题

（1）Visual Basic 无论是菜单（主菜单和子菜单）还是菜单项（菜单命令），在 Visual Basic 中都用_____来表示。

（2）Visual Basic 一共可以创建_____个子菜单等级。

（3）以_____作为标题的菜单控件，将在菜单列表中作为一个分隔条出现。

（4）在不同菜单列表内的菜单控件可以有相同的快速访问键，但菜单控件的_____不能重复。

（5）选择_____→"菜单编辑器"命令打开 Visual Basic 菜单编辑器。

（6）执行窗体的_____方法可以打开弹出式菜单。

（7）菜单控件的标题属性中以_____符号开头的字母表示该菜单控件的快速访问键。窗体运行时，单击菜单命令所执行的事件过程是_____。

（8）Visual Basic 通过菜单项的_____属性来控制菜单项的有效性。

（9）自定义对话框时用户创建的作为对话框使用的_____，它可以现实应用程序的输出信息，也可以为应用程序接收信息。

（10）_____对话框打开时，无法将操作焦点切换到应用程序的其他部分。_____对话框允许在对话框与其他窗体之间转移焦点而不用关闭对话框。

（11）程序运行时，有两种方式可以调出公共对话框。一种是执行公共对话框对象的方法，一种是设置公共对话框对象的_____属性值。

（12）窗体内包含图像控件 Image1、命令按钮 cmdOpen 和公共对话框控件 CommonDialog1，在下面程序段中的空白处填入适当的语句使程序运行时将打开对话框内指定的图片显示到图像控件 Image1 中。

```
Private Sub cmdOpen_Click()
    CommonDialog1.Filter="位图(＊.bmp)|＊.bmp|JPEG 图像(＊.jpg)|＊.jpg|GIF 图像
(＊.gif)|＊.gif"
    CommonDialog1.ShowOpen
    Image1.Picture=LoadPicture(_____)
End Sub
```

（13）为了使公共对话框控件 CommandDialog 打开"颜色"对话框，需要在执行打开"颜色"对话框的操作前首先设置 CommonDialog 控件对象的_____标志以规定颜色的初始值。

（14）多窗体程序设计常用的方法有 Load、_____、Hide 和_____。

（15）在一个窗体的程序代码可以访问另一个窗体上的控件的属性，访问时控件名称前必须加上_____。

（16）执行多窗体应用程序时，允许同时_____多个窗体。

（17）窗体执行 Form1.Hide 语句，相当于将窗体的_____属性设置为 False。

（18）在多重窗体中，关键字 Me 代表的是_____窗体。

（19）Visual Basic 允许有多重应用窗体，但最多只允许有_____窗体。

（20）为了显示一个窗体，所使用的方法是_____。

（21）_____语句和 Unload 语句的功能完全相反。

（22）_____过程是标准模块中的一个特殊过程，主要用于控制应用程序的启动。除了它以外，_____也可以作为启动对象。

（23）假设一个工程下有一个窗体的名称为 Form1，另一个窗体的名称为 Form2。对 Form2 窗体编写如下代码：

```
Private Sub Form_Click()
    Form1.Caption="主窗体"
    Form2.Caption="标题 1"
    Me.Caption="标题 2"
End Sub
```

程序运行后，窗体的标题为_____。

第 9 章 文件操作

9.1 预 备 知 识

9.1.1 文件的定义及分类

学习本章,首先要掌握文件的定义:文件是存储在外部存储介质(如磁盘、光盘、移动硬盘和优盘等)上的以文件名标识的数据的集合。

那么为什么要使用文件呢? 如果不使用文件会带来什么不便呢? 在前面几章的学习过程中,没有使用文件,当编写的程序需要输入数据时,采用的是程序运行后在窗体的控件中输入数据、程序运行后从键盘直接输入和在程序编写过程中直接赋值这三种方式。但是,如果需要输入的数据较多并且这个程序需要反复运行,那么前面的三种方式就不适合了,需要一种方式能够将要输入的数据以一定的组织方式预先存放在外部存储器上(不怕计算机断电后数据会消失),当程序要求输入操作时,能够在内存中将数据打开并进行输入,这种方式就是文件。同样的,当程序运行后要将结果反馈给用户,如果只是打印到屏幕上,这会非常的不方便,可以将运行结果写入到文件中,随时可以打开浏览、查询、打印、修改。所以说,文件方便了程序的输入与输出。

文件的分类方式很多,按照处理方法和用途各不相同,一般分类标准有下列三种:

(1) 按文件的内容分,可分为程序文件和数据文件。程序文件存储的是程序,包括源程序和可执行程序。数据文件存储的是程序运行所需要的各种数据。

(2) 按存储信息的形式分,可以分为 ASCII 文件和二进制文件。ASCII 存储的是各种数据的 ASCII 码,二进制文件存储的是各种数据的二进制代码。

(3) 按访问模式分,可以分为顺序文件、随机文件和二进制文件。

9.1.2 顺序文件与随机文件的区别

我们主要学习顺序文件与随机文件。下面来看一下这两种文件在组织方式、打开、关闭、读、写等方面有何不同。

1. 组织方式

顺序文件(比如通常所看到的文本文件),一般必须一行一行地读出来,要想中途跳转到某行,虽然不是说不可能,但由于文件中每行的字数不一样,比较难准确定位,而且效率也很低。

在随机文件中,每条记录都有记录号,并且记录长度完全相同,所以对随机文件的操作实际上就是对记录的操作,相当于一种简单的数据库文件,由于里面的数据都是等长的,因此可以任意取出里面的某段数据。

所以随机文件适合存储数量较多的、有规律的数据,而顺序文件则适合用来保存单一的文本。

2. 打开

顺序文件打开文件的语句是 Open,常用形式如下:

`Open 文件名 [For 模式] As # 文件号 [Len=记录长度]`

(1) 模式,主要有读、写、追加三种。

Output:输出,相当于写文件。

Input:输入,相当于读文件。

Append:添加,相当于将数据追加到文件末尾。

(2) 文件号。

"文件号"是一个 1~255 之间的整数,用于表示这个文件。可以用 FreeFile 函数获得下一个可利用的文件号。

(3) 记录长度。

记录长度也叫文件长度,是小于或等于 32 767 的整数。对于顺序文件来说,它指定缓冲区分配的字符个数;对于随机文件来说,它是文件中记录的长度。

随机模式打开文件,其语法格式如下:

`Open 文件名 For Random As # 文件号 [Len=记录长度]`

随机文件的读、写都以这一模式打开,一经打开即可同时进行读、写操作。另外,在open 语句中要指明记录的长度,记录长度的默认值是 128 个字节。

3. 关闭

随机文件的关闭与顺序文件相同,都使用 Close 语句:

`Close # 文件号`

4. 读

顺序文件的读操作有两种语句:

(1) Input 语句。

其语法格式如下:

`Input # 文件号,变量列表`

（2）Line Input 语句

语法格式如下：

Line Input #文件号,字符串变量

这两条语句的区别是：Input 语句把读出的每个数据项分别存放到所对应的变量,变量的类型与文件中数据的类型要求对应一致；Line Input 语句每次读一行到变量中,并将它分配给字符串变量,主要用来读取文本文件。

随机文件的读操作为以下语句：

Get 语句

其语法如下：

Get[#]文件号,[记录号],变量名

5. 写

顺序文件的写操作有两种语句：
（1）Print 语句。

使用格式：

Print #<文件号>,[<输出列表>]

（2）Write 语句。

使用格式：

Write #<文件号>,[<输出列表>]

这两条语句的区别是：Print 语句输出列表为用分号或逗号分隔的变量、常量、空格和定位函数序列；Write 语句采用紧凑格式。数据项之间插入",",并给字符数据加上双引号。

随机文件的写操作为以下语句：

Put 语句

其使用语法如下：

Put [#]文件号,[记录号],变量名

9.2 本 章 实 验

9.2.1 实验 9-1 顺序文件的应用

1. 示例实验

【实验目的】
（1）理解顺序文件的定义及组织形式。

（2）掌握顺序文件的打开、关闭语句。

（3）掌握顺序文件的读、写方法，区分 Input 与 Line Input 语句以及 Print 与 Write 语句的不同。

【实验内容】

创建图 9.1 所示的程序，要求：

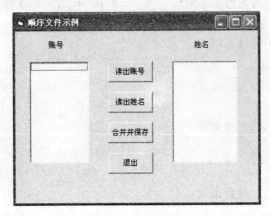

图 9.1　实验一例图

（1）当前文件夹有两个文本文件：一个为 no.txt，存放的是账号；另外一个是 name.txt，存放的是姓名。要求当单击"读出账号"按钮时，从文件 no.txt 中读出账号，并放到相应的列表框中；当单击"读出姓名"按钮时，从文件 name.txt 中读出账号，并放到另一个列表框中，no.txt 和 name.txt 文件结构如图 9.2 和图 9.3 所示。

图 9.2　no.txt 文件结构

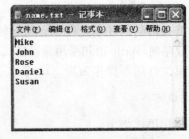

图 9.3　name.txt 文件结构

（2）当单击"合并并保存"按钮时，将两个列表框中的内容逐条合并而且存放到文本文件中。要求写入文件时使用两种方法：利用 Print 语句存入 out1.txt 文件中，利用 Write 语句存入 out2.txt 文件中。out1.txt 和 out2.txt 的文件内容如图 9.4 和图 9.5 所示。

（3）单击"退出"按钮退出程序。

【实验分析】

本实验主要练习的是顺序文件的打开、关闭、读、写等操作，都是最基本的内容。但是为了让读者对于各个语句都有了解，实验要求用不同的读写语句来完成实验。

在做实验的过程中，应该分清读语句 Input 与 Line Input 的不同，写语句 Print 与 Write 的不同。

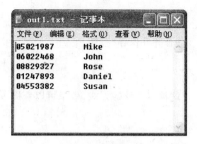

图 9.4 采用 Print 语句输出的文件　　　　图 9.5 采用 Write 语句输出的文件

【实验步骤】

（1）界面设计。

新建工程,在窗体中添加两个标签,两个列表框,4 个按钮。具体如图 9.1 所示。

（2）各控件属性设置如表 9-1 所示。

表 9-1　实验一的属性设置

对　　象	属 性 名 称	属 性 值
Form1	Caption	顺序文件示例
Command1	Caption	读出账号
Command2	Caption	读出姓名
Command3	Caption	合并并保存
Command4	Caption	退出
Label1	Caption	账号
Label2	Caption	姓名

（3）代码设计。

```
Private Sub Command1_Click()                '"读出账号"按钮
Dim temp As String
Open App.Path+ "\no.txt" For Input As #1
Do While Not EOF(1)
    Line Input #1,temp                      '采用逐行读出方式
    List1.AddItem temp
Loop
Close #1
End Sub


Private Sub Command2_Click()                '"读出姓名"按钮
Dim temp As String
Open App.Path+ "\name.txt" For Input As #1
Do While Not EOF(1)
    Input #1,temp                           '为了让读者全面掌握,采用另一种读文件方式
    List2.AddItem temp
Loop
Close #1
```

```
End Sub

Private Sub Command3_Click()                    '"合并并保存"按钮
Open App.Path+"\out1.txt" For Output As #1
For i=0 To List1.ListCount-1
    Print #1,List1.List(i),List2.List(i)        '这种写文件的方式,效果可以看图 9.4
Next
Close #1

Open App.Path+"\out2.txt" For Output As #2
For i=0 To List1.ListCount-1
    Write #2,List1.List(i),List2.List(i)
        '这种写文件的方式,效果可以看图 9.5,与 Print 语句输出的文件在外观上有明显的不同
Next
Close #2
End Sub

Private Sub Command4_Click()
End
End Sub
```

（4）保存并运行。

2. 实验作业

（1）建立图 9.6 所示的应用程序。要求：当单击"打开"按钮时，打开当前目录下一个文本文件 In9-1.txt，并将它的文件显示在窗体的文本框中；单击"加密"按钮，将文本框中的内容加密，加密方式任选；单击"保存"按钮，将文本框中内容存入文件 Out9-1.txt 中。

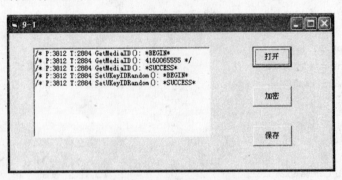

图 9.6　实验作业（1）例图

注意：在读文件时，可根据文件结构选择合适的读取方式。

（2）在当前目录建立文本文件 In9-2.txt，文件内容为：32　36　78　56　23　19　90
67　59　29　22　45　11　55　77　87 共 16 个数字。要求：当单击窗体时，将文件内容读出到一个 4×4 的二维数组中，并显示到窗体中。当单击"交换"按钮时，将数组的第 1

列与第 3 列交换位置,然后将结果显示到窗体上,并将交换后的新数组输出到文件 Out9-2.txt 中文件 In9-2.txt 和文件 Out9-2.txt 如图 9.8 所示。效果如图 9.7 所示。

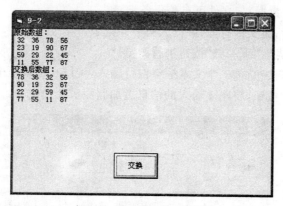

图 9.7　实验作业(2)例图

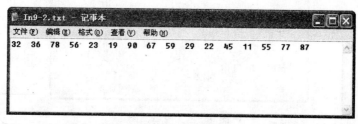

(a) 文件In9-2.txt效果

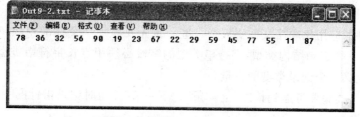

(b) 数组交换后的输出文件Out9-2.txt效果

图 9.8　实验作业(2)文件效果图

9.2.2　实验 9-2　随机文件的应用

1. 示例实验

【实验目的】

(1) 理解随机文件的定义及组织形式,了解其和顺序文件组织形式上的不同。

(2) 掌握随机文件的打开、关闭语句。

(3) 掌握随机文件的读、写方法。

【实验内容】

创建图 9.9 所示的程序。要求:

(1) 在当前文件夹有一个随机文件 course. dat,文件里存有课程信息。每条记录包含的字段有课程编号(cNo,长度为 5 的字符串)、课程名称(cName,长度为 10 的字符串)和学分(cHour,整型数据)。文件里有若干条记录。

(2) 程序运行时,将文件打开,并读入第一条记录。

(3) 单击"上一条"、"下一条"按钮进行浏览。

(4) 单击"添加"按钮,前三个文本框空白待输入,可以在文本框中输入信息。

(5) 单击"保存"按钮,将刚才输入的信息追加到随机文件中去。

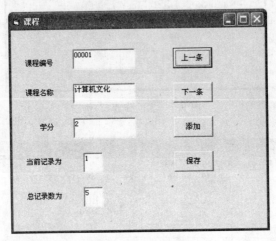

图 9.9　实验二例图

【实验分析】

随机文件的应用比顺序文件要复杂一些。首先要添加一个标准模块,在标准模块中用 Type 建立一个记录结构类型,字符串类型的字段必须用定长字符串类型,在窗体的通用声明部分定义一个记录类型的变量。

另外,这个实验要考虑到单击"上一条"、"下一条"按钮时记录指针的变化。

【实验步骤】

(1) 界面设计。

新建工程,在窗体中添加 5 个标签,5 个文本框,4 个按钮。具体如图 9.9 所示。

(2) 各控件属性设置如表 9-2 所示。

表 9-2　实验二的属性设置

对　象	属性名称	属性值	对　象	属性名称	属性值
Form1	Caption	课程	Command3	Caption	添加
Command1	Caption	上一条	Command4	Caption	保存
Command2	Caption	下一条			

(3) 代码设计。

在标准模块中添加代码:

```
Type CourseType
```

```
        cNo As String * 5                              '课程编号
        cName As String * 10                           '课程名称
        cHour As Integer                               '学分
End Type
```

在窗体中添加代码：

```
Dim Current_Rec As Integer                     '声明一个变量，用来表示当前记录号
Dim Course As CourseType


Private Sub Command1_Click()            '"上一条"按钮
 If Current_Rec >1 Then
    Current_Rec=Current_Rec-1
    Get #1,Current_Rec,Course
    Text1=Course.cNo
    Text2=Course.cName
    Text3=Course.cHour
    Text4=Current_Rec
    Text5=LOF(1)/Len(Course)
                '本条语句用来计算总记录数，原理是用文件总长度除以单条记录的长度
End If
End Sub


Private Sub Command2_Click()            '"下一条"按钮
 If Current_Rec <LOF(1)/Len(Course)Then
    Current_Rec=Current_Rec+1
    Get #1,Current_Rec,Course
    Text1=Course.cNo
    Text2=Course.cName
    Text3=Course.cHour
    Text4=Current_Rec
    Text5=LOF(1)/Len(Course)
 End If
End Sub


Private Sub Command3_Click()            '"添加"按钮，清空文本框，以便用户输入信息
Text1=""
Text2=""
Text3=""
End Sub


Private Sub Command4_Click()            '"保存"按钮
With Course                             '获取用户在文本框中输入的信息
    .cNo=Text1
```

```
    .cName=Text2
    .cHour=Text3
End With
Current_Rec=LOF(1)/Len(Course)+1          '在总记录数的基础上添加一条记录
Put #1,Current_Rec,Course                 '将新添加的记录写入文件最后一条中
Text4=Current_Rec
Text5=LOF(1)/Len(Course)
End Sub


Private Sub Form_Load()                    '初始化,在窗体载入时打开文件
Current_Rec=1
Open App.Path+"\course.dat" For Random As #1 Len=Len(Course)    '打开随机文件
Get #1,Current_Rec,Course                  '读取第一条记录
Text1=Course.cNo                           '以下三条语句将读取的第一条记录显示在相应文本框中
Text2=Course.cName
Text3=Course.cHour
Text4=Current_Rec
Text5=LOF(1)/Len(Course)
End Sub


Private Sub Form_Unload(Cancel As Integer)      '当窗体关闭时,关闭文件
Close #1
End Sub
```

（4）保存并运行。

2. 实验作业

建立一个应用程序，如图 9.10 所示。

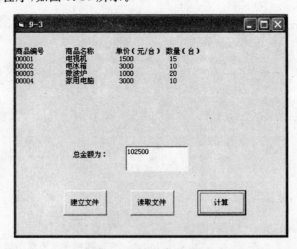

图 9.10　实验作业例图

要求：

① 当单击"建立文件"按钮时，利用代码在工程目录下建立一个随机文件 product. dat，文件记录如下：

商品编号	商品名称	单价(元/台)	数量(台)
00001	电视机	1500	15
00002	电冰箱	3000	10
00003	微波炉	1000	20
00004	家用电脑	3000	10

自定义记录的字段设置为 pID(商品编号，长度为 5 的字符串)、pName(商品名称，长度为 4 的字符串)、Price(单价，整型)、Account(数量，整型)。

② 当单击"读取文件"按钮时，将文件 product. dat 读出，并显示到窗体上。

③ 当单击"计算"按钮时，将所有商品的总金额计算出来并显示到相应的文本框中。

9.3 本 章 习 题

1. 单选题

(1) 下面关于顺序文件的描述正确的是(　　)。

　　A. 每条记录的长度必须相同

　　B. 可通过编程对文件中的某条记录方便地修改

　　C. 数据只能以 ASCII 码形式存放在文件中，所以可通过编辑软件显示

　　D. 文件的组织结构复杂

(2) 下面关于随机文件的描述不正确的是(　　)。

　　A. 每条记录的长度必须相同

　　B. 一个文件的记录号不必唯一

　　C. 数据只能以 ASCII 码形式存放在文件中，所以可通过编辑软件显示

　　D. 其组织结构比顺序文件复杂

(3) 执行语句 Open "C\File. dat" For Input As ♯1 之后，系统(　　)。

　　A. 在 C 盘根目录下建立名为 File. dat 的顺序文件

　　B. 将 C 盘根目录下名为 File. dat 的文件内容读入内存

　　C. 将数据存放在 C 盘根目录下名为 File. dat 的文件中

　　D. 将某个磁盘文件的内容写入 C 盘根目录下名为 File. dat 的文件中

(4) 设有语句 Open "d:\ Test. txt" For Output As ♯1，以下叙述中错误的是(　　)。

　　A. 若 d 盘根目录下无 Test. txt 文件，则该语句创建此文件

　　B. 用该语句建立的文件的文件号为 1

　　C. 该语句打开 d 盘根目录下一个已经存在的文件 Test. txt，之后就可以从文件

中读取信息

  D. 执行该语句后,就可以通过 Print ♯ 语句向文件 Test.txt 中写入信息

 (5) 为了建立一个随机文件,其中每一条记录由多个不同数据类型的数据项组成,应使用( )。

  A. 记录类型　　　　B. 变体类型　　　　C. 数组　　　　D. 字符串类型

 (6) 以下叙述中错误的是( )。

  A. 顺序文件中的数据只能按顺序读写

  B. 对同一个文件,可以用不同的方式和不同的文件号打开

  C. 执行 Close 语句,可将文件缓冲区中的数据写到文件中

  D. 随机文件中各记录的长度是随机的

 (7) 以下关于文件的叙述中,错误的是( )。

  A. 使用 Append 方式打开文件时,文件指针被定位于文件尾

  B. 当以输入方式(Input)打开文件时,如果文件不存在,则建立一个新文件

  C. 顺序文件记录的长度可以不同

  D. 随机文件打开后,既可以进行读操作,也可以进行写操作

 (8) 以下关于文件的叙述中,错误的是( )。

  A. 顺序文件中的记录一个接一个地顺序存放

  B. 随机文件中记录的长度是随机的

  C. 执行打开文件的命令后,自动生成一个文件指针

  D. LOF 函数返回给文件分配的字节数

 (9) 以下能判断是否到达文件尾的函数是( )。

  A. BOF　　　　B. LOC　　　　C. LOF　　　　D. EOF

 (10) 以下叙述中正确的是( )。

  A. 一个记录中包含的各个元素的数据类型必须相同

  B. 随机文件中每个记录的长度是固定的

  C. Open 命令的作用是打开一个已经存在的文件

  D. 使用 Input ♯ 语句可以从随机文件中读取数据

 (11) 要向已有数据的 Test.txt 文件添加数据,正确的文件打开命令是( )。

  A. Open "Test.txt" For Append As ♯512

  B. Open "Test.txt" For Append As ♯511

  C. Open "Test.txt" For Output As ♯512

  D. Open "Test.txt" For Output As ♯511

 (12) 若文件 file1.dat 不存在,则下列打开文件的语句中,会产生错误的是( )。

  A. Open "file1.dat" For Output As ♯1

  B. Open "file1.dat" For Input As ♯1

  C. Open "file1.dat" For Append As ♯1

  D. Open "file1.dat" For Binary As ♯1

 (13) 下列命令中能够正确对顺序文件进行写入操作的是( )。

A. Get   B. Write ♯   C. Put   D. Put ♯

（14）下面能够正确打开文件的一组语句是（   ）。

    A. Open "datal" For Output As ♯5   B. Open "datal" For Output As ♯5

         Open "datal" For Input As ♯5   Open "datal" For Input As ♯6

    C. Open "datal" For Input As ♯5   D. Open "datal" For Input As ♯5

         Open "datal" For Input As ♯6   Open "datal" For Random As ♯6

（15）Print ♯1,STR1 $ 中的 Print 是（   ）。

    A. 文件的写语句   B. 在窗体上显示的方法

    C. 子程序名   D. 以上均不是

（16）文件号最大可取的值为（   ）。

    A. 255   B. 511   C. 512   D. 256

2. 填空题

（1）语句 Open "out6.txt" For Random As ♯1 Len＝20 表示文件 out6.txt 的每个记录的长度等于＿＿＿＿个字节。

（2）打开文件前,可通过＿＿＿＿函数获得可利用的文件号。

（3）随机文件的写操作语句为＿＿＿＿。

（4）顺序文件通过＿＿＿＿语句将缓冲区中的数据写入磁盘。

（5）打开文件所使用的语句为＿＿＿＿,其中可设置的输入输出方式包括＿＿＿＿、＿＿＿＿、＿＿＿＿、＿＿＿＿、＿＿＿＿。

（6）LOF 函数的功能是返回某文件的字节数,LOF(2)是返回＿＿＿＿。EOF 函数将返回一个表示＿＿＿＿。

（7）在 Visual Basic 中,顺序文件的读操作通过 Input ♯语句、Line Input ♯语句或 Input $ 函数实现。随机文件的读操作通过＿＿＿＿和＿＿＿＿语句实现。

（8）要将程序处理结果写入到顺序文件 Abc.txt 中的末尾,则可用＿＿＿＿方式打开文件。

（9）如果要新建一个顺序文件,用 Open 语句时,操作方式关键词是＿＿＿＿。

（10）文本文件合并。将文本文件 t2.txt 合并到 t1.txt 文件中。

```
Private Sub Command1_Click()
  Dim s$
  Open "t1.txt"_____
  Open "t2.txt" _____
  Do While Not EOF(2)
    Line Input #2,s
    Print #1,s
  Loop
  Close #1,#2
End Sub
```

第 **10** 章　数据库编程基础

10.1　预 备 知 识

文件的使用大大方便了程序设计过程中的输入与输出。但是普通的数据文件有其局限性,不能方便地进行记录的插入、删除,不能快速地进行数据的查询、统计,组织方式也不够科学。为了解决文件在数据管理方面存在的这些缺点,我们引入了数据库。数据库技术是应数据管理任务的需要而产生的,是随着数据管理功能需求的不断增加而发展的。它把大量的数据按照一定的结构存储起来,在数据库管理系统的集中管理下实现数据共享。由于数据库具有数据结构化、数据独立性高、数据共享和易于扩充等特点,因此被广泛地应用于各种管理信息系统中,成为当今信息化社会管理和利用信息资源不可缺少的工具。

10.1.1　数据库的定义

数据库(DataBase,DB)是以一定方式组织、存储及处理相互关联的数据的集合,它以一定的数据结构和一定的文件组织方式存储数据,并允许用户访问。数据库是按照数据模型组织数据的。数据模型是数据库中数据的存储方式,是数据库系统的核心和基础。每一种数据库管理系统都是基于某种数据模型的,目前应用最广泛的是关系模型。

10.1.2　关系数据库的几个概念

1. 表

表是由行和列组成的数据集合。表一般具有多个属性。

2. 记录

表中的每一行称为一条记录。关系数据库不允许在一个表中出现重复的记录。

3. 字段

表中的每一列称为一个字段。字段具有字段名、数据类型等属性,同一张表中不允许有同名字段,且同一列中的数据类型必须相同。表的结构是由它所有的字段决定的。

4. 主键

也称为主关键字,通常是一个字段或多个字段的组合,用来在表中唯一标识一条记录。

5. 索引

在处理表中数据时,往往要求按照某个字段值的顺序依次处理记录。通过建立索引可以实现按索引字段进行排序,从而可以按索引字段顺序处理记录,加快检索速度。

6. 关系

数据库一般由多个表组成。关系通常定义表与表之间关联的方式。

10.1.3　使用 SQL 查询数据库

结构化查询语言(SQL)是操作关系数据库的标准语言。通过 SQL 命令,可以从数据库的一个表或多个表中获取数据,也可对数据进行添加、修改、删除等更新操作。但是查询数据库是 SQL 语言的核心功能,也就是 SELECT 语句。

SELECT 语句的基本语法形式:

SELECT 字段列表 FROM 表名
[WHERE 查询条件]
[GROUP BY 分组字段 [HAVING 分组条件]]
[ORDER BY 排序字段 [ASC|DESC]]

对 SELECT 语句各部分说明如下:

字段列表部分包含了查询结果要显示的字段清单,字段之间用逗号分开。要选择表中所有字段,可用星号"＊"代替。如果所选定的字段要更名显示,可在该字段后用 AS [新名]实现。

FROM 子句用于指定一个或多个表。如果所选的字段来自不同的表,则字段名前应加表名前缀。

WHERE 子句指定查询条件,用于限制记录的选择。构造查询条件可使用大多数的 Visual Basic 内部函数和运算符,以及 SQL 特有的运算符构成表达式。

GROUP BY 和 HAVING 子句用于分组和分组过滤处理。它能把在指定字段列表中有相同值的记录合并成一条记录。将记录分组后,也可用 HAVING 子句对分组进行筛选。一旦 GROUP BY 完成了记录分组,HAVING 就显示由 GROUP BY 子句分组的,且满足 HAVING 子句条件的所有记录。

ORDER BY 子句决定了查找出来的记录的排列顺序。在 ORDER BY 子句中,可以指定一个或多个字段作为排序字段,ASC 选项代表升序,DESC 代表降序。

10.1.4　利用 ADO 数据控件访问数据库

ADO 是 Microsoft 推出的新一代数据访问技术，它通过 OLE DB 实现对不同类型数据源的访问，是目前 Visual Basic 访问数据库的主流技术。

1. 属性

（1）ConnectionString 属性。

ConnectionString 属性是一个字符串，包含了用于与数据源建立连接的相关信息。典型的 ConnectionString 属性形式如下所示：

```
Provider=Microsfot.Jet.OLEDB.4.0; Data Source=Student.mdb;
```

（2）CommandType 属性。

CommandType 属性用于指定获取记录源的命令类型，其取值如表 10-1 所示。

表 10-1　CommandType 属性值

属性值	系统常量	说　　明
1	adCmdText	RecordSource 设置为命令文本，通常使用 SQL 语句
2	adCmdTable	RecordSource 设置为单个表名
4	adCmdStoredProc	RecordSource 设置为存储过程名
8	adCmdUnknown	命令类型未知，RecordSource 通常设置为 SQL 语句

（3）RecordSource 属性。

RecordSource 确定具体可访问的数据来源，这些数据构成记录集对象 Recordset。该属性值是一个字符串，可以是数据库中的单个表名，也可以是一个 SQL 语句。

2. 方法

ADO 数据控件一旦建立了与数据库的连接，就可以通过设置或改变其 RecordSource 属性访问数据库中的任何表，也可访问由一个或多个表中的部分或全部数据构成的记录集。

Refresh 方法用来刷新 ADO 数据控件的连接属性，并重新建立记录集。如果在程序代码中改变了 RecordSource 的属性值，必须使用 Refresh 方法来刷新记录集。

3. 事件

当改变记录集的指针使其从一条记录移动到另一条记录，会触发 WillMove 事件。MoveComplete 事件发生在一条记录成为当前记录后，它出现在 WillMove 事件之后。

10.1.5　记录集对象

设置 ADO 数据控件的基本属性后，即确定了可以访问的数据，这些数据就构成了记录集 Recordset。记录集表示的是来自基本表或 SQL 命令执行的结果形成的数据集合，其结构与数据表类似。ADO 数据控件对数据库的操作实际上都是通过记录集完成的。通过记录集对象,不仅可以对数据库中的数据进行浏览、查询等基本操作,而且还可对数据库中的数据进行添加、修改和删除等编辑操作。对于记录集的控制是通过它的属性和方法来实现的。

1. 记录集的浏览

(1) AbsolutePosition 属性。

AbsolutePosition 返回当前记录指针的位置,如果是第 n 条记录,其值为 n。

(2) RecordCount 属性。

RecordCount 返回记录集中的记录数目。

(3) BOF 和 EOF 属性。

BOF 判定记录指针是否指向首记录之前,若是,则 BOF 为 True。与此类似,EOF 判定记录指针是否在末记录之后。

(4) Move 方法。

使用 Move 方法可代替对 ADO 数据控件对象的 4 个导航按钮 的操作浏览记录。Move 方法包括:

① MoveFirst 方法:移至第一条记录。

② MovePrevious 方法:移至上一条记录。

③ MoveNext 方法:移至下一条记录。

④ MoveLast 方法:移至最后一条记录。

(5) Find 方法。

记录集的 Find 方法搜索记录集中满足指定条件的第一条记录。如果条件符合,则记录集定位到找到的记录上,使之成为当前记录;否则,按搜索方向将记录指针定位到记录集的末尾或起始位置前。其语法格式为:

```
Recordset.Find 条件字符串[,[位移],[搜索方向],[起始位置]]
```

2. 记录集的编辑

(1) 添加记录。

记录集的 AddNew 方法用于添加一条新记录。可以先用 AddNew 方法添加一条空记录,然后通过绑定控件为字段赋值,最后调用记录集的 Update 方法将新记录保存到数据库。

(2) 删除记录。

记录集的 Delete 方法用于删除记录。从记录集中删除记录很简单,只要移到所要删除的记录并调用 Delete 方法即可。与添加记录不同,删除记录不需要使用 Update 方法。

(3) 修改记录。

数据控件自动提供了修改现有记录的能力,当直接改变被数据库所约束的绑定控件的内容后，只要改变记录集的指针或调用 Update 方法，即可将所做的修改保存到数据库。

10.2 本章实验

10.2.1 实验 10-1 利用 ADO 控件访问数据库

1. 示例实验

【实验目的】

(1) 掌握利用 ADO 控件连接数据库的方法。

(2) 理解数据绑定的定义，熟悉简单、复杂数据绑定的含义。

(3) 掌握在工程中进行简单、复杂数据绑定的方法。

【实验内容】

创建图 10.2 所示的程序，利用 ADO 控件访问 Access 数据库。要求：

(1)在当前工程目录下创建一个 Access 数据库文件 Address.mdb，文件只有一个表 List，结构如表 10-2 所示，内容如图 10.1 所示。

表 10-2 Address.mdb 数据库中的 List 表结构

字段名	字段类型	字段大小	字段名	字段类型	字段大小
姓名	文本	10	家庭住址	文本	4
性别	文本	2	电话	文本	8

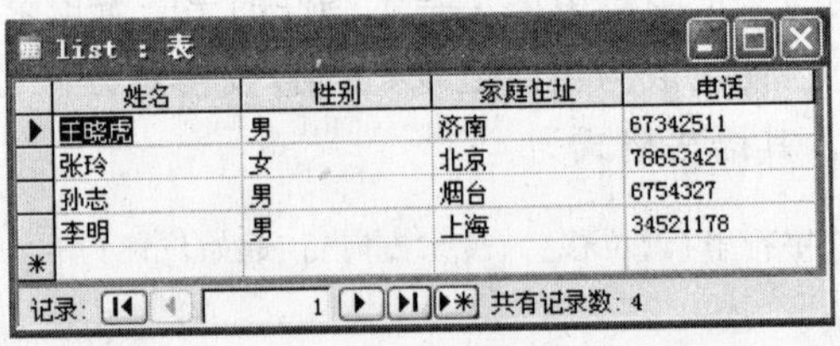
list : 表

姓名	性别	家庭住址	电话
王晓虎	男	济南	67342511
张玲	女	北京	78653421
孙志	男	烟台	6754327
李明	男	上海	34521178

记录: 1 共有记录数: 4

图 10.1 表 List 的结构

(2) 程序外观如图 10.2 所示，利用文本框和 DataGrid 控件显示数据表中内容，单击 ADO 控件上的按钮，可以浏览数据表中的信息。

【实验分析】

本实验主要练习的是利用 ADO 控件访问 Access 数据库的最基本操作功能。首先需要进行数据源连接，然后将数据绑定在相应控件上，以便显示信息。注意简单绑定、复杂绑定的不同。

【实验步骤】

(1) 建立数据库及表。

按照图 10.1 所示建立 Access 数据库及数据表。

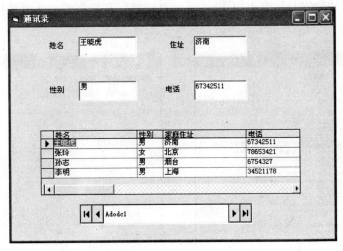

图 10.2　实验一例图

（2）创建用户界面。

在窗体上添加 4 个标签、4 个文本框，一个 DataGrid 控件和一个 ADO 控件。

其中 ADO 数据控件不是 Visual Basic 的标准控件，在使用之前需选择"工程"→"部件"命令，打开"部件"对话框，选择 Microsoft ADO Data Control 6.0（OLEDB）选项将其添加到工具箱中。

DataGrid 控件也属于 ActiveX 控件，使用前需先通过"工程"→"部件"命令选择 Microsoft DataGrid Control 6.0（OLEDB）选项，将 DataGrid 控件添加到工具箱。DataGrid 控件在工具箱中的图标为 。

（3）连接数据源。

在 ADO 数据控件上右击，从弹出的快捷菜单中选择"ADODC 属性"命令，打开图 10.3 所示"属性页"对话框。

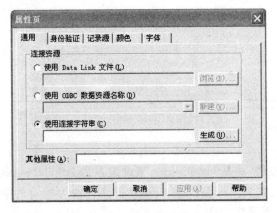

图 10.3　"属性页"对话框

单击"生成"按钮，打开图 10.4 所示的"数据链接属性"对话框，在"提供程序"选项卡中选择 Microsoft Jet 4.0 OLE DB Provider 选项。

单击"下一步"按钮后,弹出图 10.5 所示对话框。在其中的数据库名称中选择数据库Address. mdb。

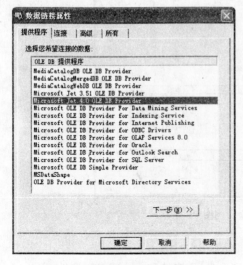 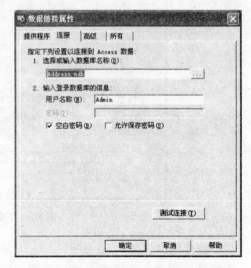

图 10.4　"数据链接属性"对话框　　　　图 10.5　"数据链接属性"对话框中的"连接"选项卡

单击"确定"按钮后回到刚才的"属性页"对话框,选择"记录源"选项卡,如图 10.6 所示。在"命令类型"下拉列表中选择 2-adCmdTable,在"表或存储过程名称"下拉列表中选择需要的 List 数据表,这样连接数据源的工作就结束了。

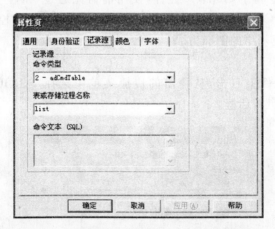

图 10.6　"属性页"对话框中的"记录源"选项卡

（4）数据绑定。

选择 DataGrid 控件,将其 DataSource 属性设置为 Adodc1;选择 4 个文本框,将它们的 DataSource 属性设置为 Adodc1,DataField 属性设置为相应的字段名称,就完成了复杂数据绑定和简单数据绑定工作。

（5）保存并运行。

保存工程并运行,就可以利用 ADO 数据控件浏览数据库中的信息了。

2．实验作业

建立表 10-3 所示的数据库 student.mdb 的 info 表，记录任意输入。要求：模仿示例实验建立界面，利用 ADO 控件访问、浏览 info 表中的信息。

表 10-3　student.mdb 数据库中的 info 表结构

字段名	字段类型	字段大小	字段名	字段类型	字段大小
学号	文本	6	性别	文本	2
姓名	文本	10	学院	文本	20

10.2.2　实验 10-2　记录集及数据查询

1．示例实验

【实验目的】

(1) 理解记录集的定义。

(2) 掌握利用记录集进行信息管理的方法，包括记录的浏览、编辑。

(3) 掌握数据查询的方法。

【实验内容】

创建一个 Access 数据库文件 Stu.mdb，添加一个数据表 xsda，结构如表 10-4 所示，记录如图 10.7 所示。

表 10-4　Stu.mdb 数据库中 xsda 表结构

字段名	字段类型	字段大小	字段名	字段类型	字段大小
学号	文本	6	出生日期	日期/时间	
姓名	文本	6	专业	文本	10
性别	文本	2	特长	文本	10

新建一个应用程序，用于对 xsda 表进行浏览、新建、删除、查询等操作。要求：

(1) 程序有两个窗体，第一个窗体用于对 xsda 表进行浏览、新建、删除等操作。单击 ADO 控件的按钮进行信息的浏览，"新建"按钮用于新添加记录，添加完毕后单击"保存"按钮才能添加成功，单击"退出"按钮退出程序，单击"查询"按钮进入第二个窗体。效果如图 10.8 所示。

(2) 第二个窗体用于按照专业进行查询，窗体左侧是一个 DataList 控件，列出 xsda 表中所有专业。当单击 DataList 中的任一专业时，右侧查询显示出这个专业的所有同学。单击"返回"按钮回到第一个窗体。效果如图 10.9 所示。

图 10.7　xsda 表记录内容

图 10.8　实验二第一个窗体例图

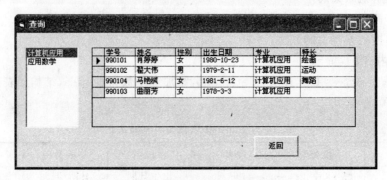

图 10.9　实验二第二个窗体例图

【实验分析】

这是一个综合性实验，不但要结合上一次实验中的连接数据源、数据绑定等内容，还要采用记录集的一些方法和属性，编程来完成窗体一所要求的信息的浏览、编辑功能。窗体二中的 DataList 控件要进行合理的属性设置才能完成查询功能。

【实验步骤】

(1) 建立数据库及表。

创建一个 Access 数据库文件 Stu. mdb，添加一个数据表 xsda，结构如表 10-4 所示，记录如图 10.7 所示。

(2) 界面设计。

窗体一中添加标签、文本框、按钮若干及一个 ADO 控件。

窗体二中添加一个 DataList 控件，一个 DataGrid 控件，两个 ADO 控件，一个按钮。

其中数据列表框 DataList 属于 ActiveX 控件，需通过"工程"→"部件"命令选择 Microsoft DataList Control 6.0(OLEDB)选项将其添加到工具箱中。

各控件的基本属性设置略。

（3）数据源连接及数据绑定。

窗体一中数据源连接及数据绑定见实验一。

窗体二中两个 ADO 控件分别从数据库中获取不同的数据。Adodc1 控件用于从数据库中获取专业名称并在 DataList1 中显示，为获取不重复的专业名称，设置 Adodc1 的基本属性时，需在"命令文本（SQL）"列表框中输入"Select Distinct 专业 From xsda"；Adodc2 控件用于产生 DataList1 中某专业的查询结果，设置 DataGrid 控件的 DataSource 属性为 Adodc2。为了美观，将两个 ADO 控件的 Visible 属性设置为 False，让它们在运行时隐藏。

需要注意的是，DataList 的数据绑定与普通控件有所不同，列表框中显示的数据由 RowSource 属性和 ListField 属性决定。BoundColumn 为 DataList 传递出来的数据源字段，而 BoundText 为传递出来的字段值。根据题意，设置 RowSource 属性为 Adodc1，ListField 属性和 BoundColumn 属性为"专业"。

（4）代码。

窗体一源代码：

```
Private Sub Adodc1_MoveComplete(ByVal adReason As ADODB.EventReasonEnum, ByVal
pError As ADODB.Error, adStatus As ADODB.EventStatusEnum, ByVal pRecordset As
ADODB.Recordset)
Adodc1.Caption=Adodc1.Recordset.AbsolutePosition &"/"& Adodc1.Recordset.RecordCount
'这条语句的作用是在 ADO 控件上显示当前记录和总记录数
End Sub


Private Sub Command1_Click()                    '"新建"按钮
Adodc1.Recordset.AddNew
End Sub


Private Sub Command2_Click()                    '"删除"按钮
ask=MsgBox("是否确定删除此记录？",vbYesNo)
If ask= 6 Then
    Adodc1.Recordset.Delete
    Adodc1.Recordset.MoveNext
    If Adodc1.Recordset.EOF Then Adodc1.Recordset.MoveLast
End If
End Sub


Private Sub Command3_Click()
        '"保存"按钮,新建完了必须单击此按钮才能输入有效,将记录信息存至数据表中
Adodc1.Recordset.Update
End Sub


Private Sub Command4_Click()                    '"查询"按钮,用来打开窗体二
```

```
Form1.Hide
Form2.Show
End Sub

Private Sub Command5_Click()
End
End Sub
```

窗体二源代码：

```
Private Sub Command1_Click()                        '"返回"按钮
Form2.Hide
Form1.Show
End Sub

Private Sub DataList1_Click()        '单击 DataList 中的任一项,按此项作为专业进行查找
Adodc2.RecordSource = "select * from xsda where 专业 = '" & DataList1.BoundText & "'"
Adodc2.Refresh
End Sub
```

（5）保存工程并运行。

2. 实验作业

利用实验二中的数据库建立一个应用程序,用于信息的浏览、编辑及查询。运行效果如图 10.10 所示。

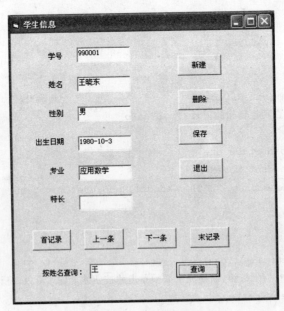

图 10.10 实验作业例图

要求：

① 窗体中不出现 ADO 控件，而用"首记录"、"上一条"、"下一条"、"末记录"4 个按钮进行信息的浏览工作。

② 利用窗体右侧 4 个按钮进行记录的新建与删除，功能类似于示例实验。

③ 在窗体下侧的文本框中输入姓名信息，单击"查询"按钮可以查询到所要的信息，可以进行模糊查询。

10.3　本章习题

1. 单选题

（1）结构化查询语言（SQL）最常用的操作是从数据库中查询数据，查询数据库使用语句（　　）完成。

　　A. SELECT　　　　B. CREATE　　　　C. INSERT　　　　D. UPDATE

（2）ADO 对象模型有三个主要的独立对象，它们分别是（　　）。

　　A. Connection、Command 和 RecordSource 对象

　　B. Connection、Command 和 RecordSet 对象

　　C. ConnectionString、Command 和 RecordSet 对象

　　D. ConnectionString、Command 和 RecordSource 对象

（3）使用 AddNew、Edit 方法在记录集中添加一条新的空白记录或对当前记录进行更改后，只有在调用（　　）方法后，才能把新记录或修改结果写入数据库。

　　A. Update　　　　B. CancelUpdate　　　C. Refresh　　　　D. Move

（4）使用记录集 RecordSet 的（　　）方法，可以在浏览数据库记录时检查记录指针是否达到 EOF 处。

　　A. MoveFirst　　　B. MoveLast　　　C. MovePrevious　　　D. MoveNext

（5）要使绑定控件能显示数据源中的数据，需要设置绑定控件的（　　）属性来确定要绑定的数据控件名，再设置（　　）属性来确定要绑定的字段名。

　　A. DataSource 和 RecordSource　　　　B. DatabaseName 和 RecordSource

　　C. DataSource 和 DataField　　　　　　D. DatabaseName 和 RecordSet

（6）下面有关 SQL 的说法中错误的是（　　）。

　　A. SQL 的含义是"结构化查询语言"

　　B. SQL 像 Visual Basic 一样，也是一种程序设计语言

　　C. SQL 语言由命令、子句、运算和函数等组成

　　D. 使用 SQL 中的 DELETE 命令可删除表中的所有记录

（7）下面（　　）不是 ADO 对象模型的对象。

　　A. Connection　　　B. Command　　　C. Record　　　　D. Field

（8）用 ADO 数据控件建立与数据源的连接，设置操作过程按（　　）顺序进行。

①选择数据源连接方式；②选择数据库类型；③指定数据库文件名；④指定记录源

    A. ①②③④   B. ②③④①   C. ③①②④   D. ①③②④

(9) 在 AddNew 方法调用 CancelUpdate 方法放弃写入,记录指针位于(　　)。

    A. 记录集的最后一条   B. 记录集的第一条

    C. 新增记录集上   D. 添加新记录前的位置上

(10) 在新增记录调用 Update 方法写入记录后,记录指针位于(　　)。

    A. 记录集的最后一条   B. 记录集的第一条

    C. 新增记录集上   D. 添加新记录前的位置上

(11) 在使用 Delete 方法删除当前记录后,记录指针位于(　　)。

    A. 被删除记录上   B. 被删除记录的上一条

    C. 被删除记录的下一条   D. 记录集的第一条

(12) 假定数据库 Student.mdb 含有学生成绩表和基本情况表,如果数据控件 adodc1 在设计时已连接了数据库 Student.mdb 中的学生成绩表,执行下列 Form _ Click 事件后,将发生(　　)。

```
Private Sub Form_Click()
    Adodc1.RecordSource="基本情况"
End Sub
```

    A. 程序提示产生连接错误

    B. 数据控件连接的当前记录集是基本情况表,但绑定控件不显示基本情况表的记录

    C. 数据控件连接的当前记录集还是学生成绩表,绑定控件显示学生成绩表的记录

    D. 数据控件连接的当前记录集是基本情况表,绑定控件显示基本情况表的记录

(13) 设置 ADO 数据控件 RecordSource 属性为数据库中的单个表名,则 CommandType 属性需设置为(　　)。

    A. adCmdText   B. adCmdTable

    C. adCmdStoredProc   D. adCmdUnknown

(14) 下列(　　)组关键字是 Select 语句中不可缺少的。

    A. Select、From   B. Select、Where   C. From、Order By   D. Select、All

(15) 在记录集中用 Find 方法向后进行查找,如果找不到相匹配的记录,则记录定位在(　　)。

    A. 首记录之前   B. 末记录之后   C. 查找开始处   D. 随机位置

(16) 数据控件的 Adodc1_MoveComplete 事件发生在(　　)。

    A. 移动记录指针前   B. 修改与删除记录前

    C. 记录成为当前记录前   D. 记录成为当前记录后

(17) 下列字符串中,(　　)不包含在 ADO 数据控件的 ConnectionString 属性内。

    A. Microsoft Jet 4.0 OLE DB Provider

B. Data Source＝C：\ Mydb. mdb

C. Persist Security Info＝False

D. 2-adCmdTable

2. 填空题

(1) 在使用 ADO 数据控件链接数据库之前,必须先通过"工程"→"部件"命令选择"_____"选项,将 ADO 数据控件添加到工具箱中。

(2) 当记录集为空时,BOF 与 EOF 为_____。当记录集为非空时,若记录指针指在某条记录上,BOF 与 EOF 为_____。

(3) _____是将控件的属性与一个数据源相链接的一种机制。

(4) 在 Visual Basic 中数据库的表是不能直接访问的,只能通过_____对象进行操作和浏览。

(5) 关系型数据库模型把数据用表的形式表示,表可以看做一组行和列的组合。表中的每一行称为一条_____,表中的每一列称为一个_____。

(6) 在 Recordset 对象中使用 Find 方法向前查找,如果条件不符合,则当前记录指针位于_____。

(7) 若 Adodc1. Recordset. BOF＝Adodc1. Recordset. EOF,则记录集_____。

(8) 将 Adodc1 的记录集对象中姓名字段值赋予变量 name,使用语句_____。

(9) 在 Do 循环中判断 Adodc1 建立的记录集是否处理结束,则需使用语句_____。

(10) 使用记录集的_____属性可得到记录总数。

(11) 要使绑定控件 Label1 能通过 Adodc1 连接到记录集上,必须设置控件的_____属性为_____;要使控件能与有效的字段建立联系,则需设置控件的_____属性。

(12) 用 SQL 语句设置 ADO 控件的 RecordSource 属性,则 CommandType 属性需要设置成_____。

(13) 根据文本框 Text1 的输入值,从基本情况表中选择记录构成记录集,对应的字段为"姓名",则设置 Adodc1 控件 RecordSource 属性的语句是_____。

(14) 当在运行状态改变 ADO 数据控件的数据源连接属性后,必须使用_____方法激活这些变化。

11.1　2009 年 9 月笔试真题

（注意：本题目不包括公共基础知识部分）

1. 选择题

(1) 以下变量名中合法的是

　　A. x2−1　　　　　　B. Print　　　　　　C. Str_n　　　　　　D. 2x

【答案】

C

【分析】

本题考查的是 Visual Basic 中变量的命名规则，命名规则如下：

① 必须以字母或汉字开头，由字母、汉字、数字或下划线组成，长度小于或等于 255 个字符。

② 不能使用 Visual Basic 中的关键字。

③ 不区分字母大小写。

选项 A 违反了第一条规则，出现了非法字符横线；选项 B 违反了第二条规则，使用了 Visual Basic 中的命令；选项 D 违反了第一条规则，以数字开头了；只有选项 C 是合法的。

(2) 把数学表达式 $\dfrac{5x+3}{2y-6}$ 表示为正确的 Visual Basic 表达式应该是

　　A. (5x＋3)/(2y−6)　　　　　　　　B. x＊5＋3/2＊y−6

　　C. (5＊x＋3)÷(2＊y−6)　　　　　　D. (x＊5＋3)/(y＊2−6)

【答案】

D

【分析】

本题目考查的是 Visual Basic 中表达式的转换，需要遵守表达式的书写规则。选项 A 中将乘号省略了，选项 B 缺少括号，选项 C 使用了错误的符号÷，这些都是不符合规则的。

(3) 下面有关标准模块的叙述中，错误的是

　　A. 标准模块不完全由代码组成，还可以有窗体

B. 标准模块中的 Private 过程中不能被工程中的其他模块调用

C. 标准模块中文件扩展名为. bas

D. 标准模块中的全局变量可以被工程中的任何模块引用

【答案】

A

【分析】

Visual Basic 中标准模块是只包括代码的. bas 文件,不包括窗体,所以选项 A 是错误的。

(4) 下面控件中,没有 Caption 属性的是

A. 复选框　　　　B. 单选按钮　　　　C. 组合框　　　　D. 框架

【答案】

C

【分析】

通过建立各控件,并观察其属性窗口可以很清楚地看到组合框是没有 Caption 属性的。

(5) 用来设置文字字体是否斜体的属性是

A. FonUnderline　　B. FontBold　　　C. Fontslope　　　D. FontItalic

【答案】

D

【分析】

设置文字字形的各个属性分别是:FonUnderline 设置下划线,FontBold 设置加粗,FontItalic 设置斜体,故选项 D 是正确的。

(6) 若看到程序中有以下事件过程,则可以肯定的是,当程序运行时

```
Private Sub Click_MouseDown(Button As Integer,Shift As Integer,X As Single,Y
As Single)
Print "VB program"
End Sub
```

A. 用鼠标左键单击名称为“Command1”的命令按钮时,执行此过程

B. 用鼠标左键单击名称为“MouseDown”的命令按钮时,执行此过程

C. 用鼠标右键单击名称为“MouseDown”的命令按钮时,执行此过程

D. 用鼠标左键或右键单击名称为“Click”的控件时,执行此过程

【答案】

D

【分析】

Visual Basic 程序中事件过程名的组成格式是:[Public|Private] Sub 控件名称_事件名称(参数),可以看出只有选项 D 是符合格式的。

(7) 可以产生 30~50(含 30 和 50)之间的随机整数的表达式是

A. Int (Rnd * 21+30)　　　　　　　B. Int(Rnd * 20+30)

C. Int(Rnd * 50－Rnd * 30)　　　　　　　D. Int(Rnd * 20＋50)

【答案】

A

【分析】

Rnd 函数返回小于 1 但大于或等于 0 的双精度型随机数。产生一定范围内的随机整数的通用表达式为 Int(Rnd * 范围＋基数)。本题要产生 30～50(含 30 和 50)之间的随机整数,则取值范围的长度为 21,基数为 30,所以表达式为选项 A。

(8) 在程序运行时,下面的叙述中正确的是

　　A. 用鼠标右键单击窗体中无控件的部分,会执行窗体的 Form_Load 事件过程

　　B. 用鼠标左键单击窗体的标题栏,会执行窗体的 Form_Click 事件过程

　　C. 只装入而不显示窗体,也会执行窗体的 Form_Load 事件过程

　　D. 装入窗体后,每次显示该窗体时,都会执行窗体的 Form_Click 事件过程

【答案】

C

【分析】

窗体的 Load 事件是在窗体被装入内存时触发的事件,无论显示与否都会触发,故选项 C 是正确的。

(9) 名称为 Command1 的命令按钮和名称为 Text1 的文本框

```
Private Sub Command1_Click()
    Text1.Text="程序设计"
    Text1.SetFocus
End Sub
Private Sub Text1_GotFocus()
    Text1.Text="等级考试"
End Sub
```

运行以上程序,单击命令按钮后

　　A. 文本框中显示的是"程序设计",且焦点在文本框中

　　B. 文本框中显示的是"等级考试",且焦点在文本框中

　　C. 文本框中显示的是"程序设计",且焦点在命令按钮上

　　D. 文本框中显示的是"等级考试",且焦点在命令按钮上

【答案】

B

【分析】

当单击按钮后,触发 Command1_Click 事件,文本框的内容变成"程序设计",并让文本框获得焦点,接着触发 Text1_GotFocus 事件,将文本框的内容变成了"等级考试"。

(10) 有名称为 Opiton1 的单选按钮,且程序中有语句:

```
If Option1.Value=True then
```

下面语句中与该语句不等价的是

A. If Option1. Value then   B. If Option1＝True then

C. If Value＝True then   D. If Option then

【答案】

C

【分析】

要正确回答这道题,除了要清楚 if 后面的条件语句的使用方法外,还要明白单选按钮的默认属性就是 Value 属性,所以 Option1. Value 等价于 Option1,而且 If Option1. Value＝True then 等价于 If Option1. Value then。选项 C 中条件语句缺乏对象名称,这是不符合 Visual Basic 的语法规则的。

(11) 设窗体上有一个水平滚动条,已经通过属性窗口把它的 Max 属性设置为1,Min 属性设置为100。下面叙述中正确的是

    A. 程序运行时,若使滚动块向左移动,滚动条的 Value 属性值就增加

    B. 程序运行时,若使滚动块向左移动,滚动条的 Value 属性值就减少

    C. 由于滚动条的 Max 属性值小于 Min 属性值,程序会出错

    D. 由于滚动条的 Max 属性值小于 Min 属性值,程序运行时滚动条的长度会缩为滚动块无法移动

【答案】

A

【分析】

通过实验可以看出,当按照题目要求设置好后,滚动条能够正常运行,并且在初始时滚动块在滚动条的右端。程序运行时,若使滚动块向左移动,滚动条的 Value 属性值就会增加。

(12) 有如下过程代码:

```
Sub var_dim()
    Static numa As Integer
    Dim numb As Integer
    numa=numa+2
    numb=numb+1
    print numa; mumb
End Sub
```

连续三次调用 var_dim 过程,第三次调用时的输出是

    A. 2   1   B. 2   3   C. 6   1   D. 6   3

【答案】

C

【分析】

本题的知识点是变量的作用域,主要考查的是 Visual Basic 中静态变量和局部变量的区别。过程运行后,静态变量 numa 不随着过程的结束而删除变量值,而局部变量 numb 在每次过程结束后都会释放存储单元,变量值当然也不会存在了。

(13) 在窗体上画一个命令按钮,并编写如下事件过程:

```
Private Sub Command1_Click()
    For i=5 To 1 Step-0.8
    Print Int(i);
    Next i
End Sub
```

运行程序,单击命令按钮,窗体上显示的内容为

A. 5 4 3 2 1 1   B. 5 4 3 2 1   C. 4 3 2 1 1   D. 4 4 3 2 1 1

【答案】

A

【分析】

本题考查的是考生对循环的掌握和 Int 函数的正确理解。第一次循环,循环变量 i 是 5,int(5)=5,输出 5;第二次循环,i=4.2,int(4.2)=4,输出 4;第三次循环,i=3.4,int(3.4)=3,输出 3;第四次循环,i=2.6,int(2.6)=2,输出 2;第五次循环,i=1.8,int(1.8)=1,输出 1;第六次循环,i=1,int(1)=1,输出 1。故只有选项 A 是正确的。

(14) 在窗体上画一个命令按钮,并编写如下事件过程:

```
Private Sub Command1_Click()
    Dim a(3,3)
    For m=1 To 3
        For n=1 To 3
            If n=m Or n=4-m Then
                a(m,n)=m+n
            Else
                a(m,n)=0
            End If
            Print a(m,n);
        Next n
        Print
    Next m
End Sub
```

运行程序,单击命令按钮,窗体上显示的内容为

A. 2 0 0   B. 2 0 4   C. 2 3 0   D. 2 0 0
   0 4 0   0 4 0   3 4 0   0 4 5
   0 0 6   4 0 6   0 0 6   0 5 6

【答案】

B

【分析】

这种"读程序,写结果"的题最能考查考生的能力,对于那些没有扎实读、写程序能力的考生来说有一定的难度。通过阅读程序可以看出,本程序将二维数组两条对角线上的

元素写入值,值为行列数之和,其他位置元素为 0。

(15) 设有以下函数过程:

```
Function fun(a As Integer,b As Integer)
    Dim c As Integer
    If a<b Then
        c=a: a=b: b=c
    End If
    c=0
    Do
        c=c+a
    Loop Until c Mod b=0
    fun=c
End Function
```

若调用函数 fun 时的实际参数都是自然数,则函数返回的是

A. a、b 的最大公约数　　　　　　B. a、b 的最小公倍数

C. a 除以 b 的余数　　　　　　　D. a 除以 b 的商的整数部分

【答案】

B

【分析】

本程序先保证 a 为 a、b 两数中较大的一个,然后通过循环将 c 不断加 a,一直到其能整除 b 为止,正是求最小公倍数的算法。

(16) 窗体上有一个名称为 text1 的文本框,一个名称为 Timer1 的计时器控件,其 Interval 属性值为 5000,Enabled 属性值是 True。Timer1 的事件过程如下:

```
Private Sub Timer1_Timer()
    Static flag As Integer
    If flag=0 Then flag=1
    flag=-flag
    If flag=1 Then
        Text1.ForeColor=&HFF&          '&HFF& 为红色'
    Else
        Text1.ForeColor=&HC000&        '&HC000& 为绿色'
    End If
End Sub
```

以下叙述中正确的是

A. 每次执行此事件过程时,flag 的初始值均为 0

B. Flag 的值只可能取 0 或 1

C. 程序执行后,文本框中的文字每 5s 改变一次颜色

D. 程序有逻辑错误,Else 分支总也不能被执行

【答案】

C

本程序中 flag 为静态变量,初始值为 0,每 5s 执行一次 Timer1_Timer()事件,flag 就会在 1～—1 之间交替变化,文本框中的文字每 5s 改变一次颜色。故选项 C 是正确的。

(17)为计算 $1+2+2^2+2^3+2^4+\cdots+2^{10}$ 的值,并把结果显示在文本框 text1 中,若编写如下事件过程:

```
Private Sub Command1_Click()
    Dim a%,s%,k%
    s=1
    a=2
    For k=2 To 10
        a=a*2
        s=s+a
    Next k
    Text1.Text=s
End Sub
```

执行此事件过程中发现结果是错误的,为能够得到正确结果,应做的修改是

A. 把 s＝1 改为 s＝0

B. 把 For k＝2 to 10 改为 For k＝1 to 10

C. 交换语句 s＝s＋a 和 a＝a*2 的顺序

D. 同时进行 B、C 两种修改

【答案】

D

【分析】

原始程序的错误在于:

① 少了一次循环,循环变量初值应该为 1;

② 循环体内的语句顺序不对,直接造成了逻辑错误。

(18)标准模块中有如下程序代码:

```
Public x As Integer,y As Integer
Sub var_pub()
    x=10: y=20
End Sub
```

在窗体上有一个命令按钮,并有如下事件过程:

```
Private Sub Command1_Click()
    Dim x as Integer
    Call var_pub
    x=x+100
    y=y+100
    Print x,y
End Sub
```

运行程序后,单击命令按钮,窗体上显示的是

A. 100　100　　　B. 100　120　　　C. 110　100　　　D. 110　120

【答案】

B

【分析】

本题的知识点是变量的作用域,变量 x,y 都在标准模块中被声明为全局变量,但是在事件过程 Command1_Click() 中又声明了与 x 同名的局部变量,那么在此事件过程内,全局变量 x 被屏蔽,所以在执行完语句 Call var_pub 后,x 的值为 0,y 的值为 20,故答案为 B。

(19) 设 a、b 都是自然数,为求 a 除以 b 的余数,某人编写了以下函数:

```
Funciton fun(a as Integer ,b as Integer)
    While a >b
        a=a-b
    Wend
    fun=a
End Function
```

在调试时发现函数是错误的,为使函数能产生正确的返回值,应做的修改是

A. 把 a＝a－b 改为 a＝b－a　　　B. 把 a＝a－b 改为 a＝a\b

C. 把 while a＞b 改为 while a＜b　　D. 把 while a＞b 改为 while a＞＝b

【答案】

D

【分析】

原程序错在循环的条件语句没考虑 a＝b 的情况,当 a＝b 时跳过循环直接求到余数 a,这显然是不对的,所以选项 D 的修改是正确的。

(20) 下列关于通用对话框 CommanDialog1 的叙述中,错误的是

A. 只要在"打开"对话框中选择了文件,并单击"打开"按钮,就可以将选中的文件打开

B. 使用 CommonDialog1.showcolor 方法可以显示"颜色"对话框

C. CancelError 属性用于控制用户单击"取消"按钮关闭对话框时是否显示出错警告

D. 在显示"字体"对话框前,必须先设置 CommonDialog1 的 Flags 属性,否则会出错

【答案】

A

【分析】

选项 A 之所以错误,是因为"打开"对话框并不能真正打开一个文件,它仅仅提供一个打开文件的用户界面,供用户选择所要打开的文件,打开文件的具体工作还是要通过编程来完成。

(21) 在利用菜单编辑器设计菜单时,为了把 Alt＋X 组合键设置为"退出(X)"菜单项的访问键,可以将该菜单项的标题设置为

      A. 退出(X&)   B. 退出(&X)   C. 退出(X♯)   D. 退出(♯X)

【答案】

B

【分析】

这道题考查的是基本知识,比较简单。

(22) 在窗体上画一个命令按钮和一个文本框,其名称分别为 command1 和 text1,再编写如下程序:

```
Dim ss As String
Private Sub Text1_Keypress(Keyascii As Integer)
    If Chr(Keyascii)<>"" Then ss=ss+Chr(Keyascii)
End Sub
Private Sub Command1_Click()
    Dim m As String,i As Integer
    For i=Len(ss)To 1 Step-1
        m=m+Mid(ss,i,1)
    Next
    Text1.Text=UCase(m)
End Sub
```

程序运行后,在文本框中输入"Number 100",并单击命令按钮,则文本框中显示的是

A. NUMBER 100 B. REBMUN   C. REBMUN 100 D. 001 REBMUN

【答案】

D

【分析】

本题中的程序有两个事件过程,当在文本框中输入字符时,执行 Text1_Keypress() 事件过程,将字符串变量 ss 中赋值为"Number 100"。当单击按钮时,执行 Command1_Click() 事件过程,通过循环将字符串 ss 反置,并变为大写输出在文本框中,故选项 D 是正确答案。

(23) 窗体的左右两端各有一条直线,名称分别为 Line1、Line2;名称为 shape1 的圆靠在左边的 Line1 直线上(见图 11.1);另有一个名称为 Timer1 的计时器控件,其 Enabed 属性值是 True。要求程序运行后,圆每秒向右移动 100,当圆遇到 Line2 时则停止移动。为实现上述功能,某人把计时器的 Interval 属性设置为 1000,并编写了如下程序:

图 11.1　选择题(23)中的图

```
Private Sub Timer1_Timer()
    For k=Line1.X1 To Line2.X1 Step 100
```

```
     If Shape1.Left+Shape1.Width <Line2.X1 Then
            Shape1.Left=Shape1.Left+100
     End If
   Next k
End Sub
```

运行程序时发现圆立即移动到了右边的直线处,与题目要求的移动方式不符。为得到与题目要求相符的结果,下面修改方案中正确的是

  A. 把计时器的 Interval 属性设置为 1

  B. 把 For K=Line1. X1 To Line2. X1 Step 100 和 Next 两行删除

  C. 把 For K=Line1. X1 To Line2. X1 Step 100 改为 For K=Line2. X1 To Line1. X1 Step 100

  D. 把 If shape1. left + shape1. width < line2. x1 then 改为 if shape1. left < line2. x1 then

【答案】

B

【分析】

本题中程序的错误是因为对计时器控件的工作原理不了解:计时器每隔固定时间(即 Interval 属性值,单位是毫秒)就执行一次,执行的事件过程就是 Timer1_Timer(),在此事件过程中,一般情况下是不需要循环的。本题程序的 Timer1_Timer()事件过程中循环的使用对题目要求造成了错误。

(24) 下列有关文件的叙述中,正确的是

  A. 以 Output 方式打开一个不存在的文件时,系统将显示出错信息

  B. 以 Append 方式打开的文件,既可以进行读操作,也可以进行写操作

  C. 在随机文件中,每个记录的长度是固定的

  D. 无论是顺序文件还是随机文件,其打开的语句和打开方式都是完全相同的

【答案】

C

【分析】

选项 A,以 Output 方式打开一个不存在的文件时,会新建此文件,并不会出错;选项 B,以 Append 方式打开的文件,只能进行写操作;选项 D,顺序文件与随机文件的打开语句和打开方式都不同,考生可参考教材具体查询。

(25) 窗体如图 11.2 所示,要求程序运行时,在文本框 text1 中输入一个姓氏,单击"删除"按钮(名称为 command1),则可删除列表框 list1 中所有该姓氏的项目,若编写以下程序来实现此功能:

```
Private Sub Command1_Click()
   Dim n%,k%
   n=Len(Text1.Text)
   For k=0 To List1.ListCount-1
```

```
        If Left(List1.List(k),n)=Text1.Text Then
            List1.RemoveItem k
        End If
    Next k
End Sub
```

在调试时发现，如输入"陈"，可以正确删除所有姓"陈"的项目，但输入"刘"则只删除了"刘邦"、"刘备"两项，结果如图 11.3 所示。这说明程序不能适应所有情况，需要修改。正确的修改方案是把 For k＝0 to List1. Listcount－1 改为

    A. For k＝List1. Listcount－1 to 0 step －1

    B. For k＝0 to List1. Listcount

    C. For k＝1 to List1. Listcount－1

    D. For k＝1 to List1. Listcount

图 11.2　选择题(25)中的图 1

图 11.3　选择题(25)中的图 2

【答案】

A

【分析】

本题较难。题目中的程序之所以错误，是因为在按照列表框 List1 控件的 ListIndex 属性值从小到大顺序查找过程中，当删除某一项后，其后所有项的 ListIndex 值就会发生变化，这样就会直接影响到后面的删除工作。要想彻底解决这一问题，必须改变查找删除方式，从后往前查找并删除，这样就会避免列表框中各项 ListIndex 值的变化问题。

2. 填空题

(1) 工程中有 Form1 和 Form2 两个窗体，Form1 窗体外观如图 11.4 所示，程序运行时在 Form1 中名称为 Text1 的文本框中输入一个值（圆的半径），然后单击"计算并显示"（其名称为 Command1）按钮，则显示 Form2 窗体，且根据输入的圆的半径计算圆的面积，并在 Form2 的窗体上显示出来，如图 11.5 所示，如果单击命令按钮时，文本框中输入的不是数值，则用信息框显示"请输入数值数据！"。请填空：

```
Private Sub Command1_Click()
    If Text1.Text="" Then
        MsgBox "请输入半径"
    ElseIf Not IsNumeric([1])then
        MsgBox "请输入数值数据"
    Else
```

```
        r=Val([2])
        Form2.Show
        [3].Print"圆的面积是"& 3.14 * r * r
    End If
End Sub
```

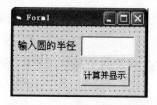

图 11.4　填空题(1)中的图 1

图 11.5　填空题(1)中的图 2

【答案】

[1] Text1.Text　[2] Text1.Text　[3] Form2

【分析】

[1]处是检验文本框 Text1 的输入值是否是数值,所以应该填 Text1.Text;因为文本框 Text1 的输入值是文本型,而我们要计算的是数值,故[2]处是将文本框 Text1 的值转化为数值型数据;[3]处所在的语句是完成将输出结果显示在窗体 Form2 上,故此处应该填写 Form2。

(2) 设有整型变量 s,取值范围为 0～100,表示学生的成绩。有如下程序段:

```
If s>90 Then
    Level="A"
ElseIf s>=75 Then
    Level="B"
ElseIf s>=60 Then
    Level="C"
Else
    Level="D"
End If
```

下面用 Select case 结构改写上述程序,使两段程序所实现的功能完全相同,请填空:

```
Private Sub Form_Load()
    Select Case s
    Case[4]>=90
        Level="A"
    Case 75 To 89
        Level="B"
    Case 60 To 74
        Level="C"
    Case   [5]
```

```
        Level="D"
    [6]
```

【答案】

[4] is [5] else [6] End Select

【分析】

本题考查的是 Select Case 语句使用,[4]、[5]、[6] 三处的填写可参考 Select Case 语句的语法规则。

(3) 窗体上有名称为 Command1 的命令按钮,事件过程及两个函数过程如下:

```
Private Sub Command1_Click()
    Dim x As Integer, y As Integer
    x=3
    y=5
    z=fy(y)
    Print fx(fx(x)),y
End Sub


Function fx(ByVal a As Integer)
    a=a+a
    fx=a
End Function


Function fy(ByVal a As Integer)
    a=a+a
    fy=a
End Function
```

运行程序,并单击命令按钮,则窗体上显示的两个值依次是[7]和[8]。

【答案】

[7] 12 [8] 10

【分析】

本题又是阅读程序写出运行结果的题目,考查的知识点是调用函数过程时的参数传递。调用 fx 函数时,参数采用的是传值方式,形参 a 的变化不会影响到实参 x;而调用 fy 函数时,参数采用的是传地址方式,形参 a 与实参 y 共用一个存储单元,a 的值变成 10 后,实参 y 的值也变成了 10,所以题目的输出结果为 12 10。

(4) 窗体上有名称为 Command1 的命令按钮及名称为 Text1,能显示多行文本的文本框,程序运行后,如果单击命令按钮,则可打开磁盘文件 c:\test.txt,并将文件中的内容(多行文本)显示在文本框中,下面是实现此功能的程序,请填空:

```
Private Sub Command1_Click()
    Text1.Text=""
```

```
    Number=FreeFile
    Open "c:\test.txt" For Input As Number
    Do While Not EOF([9])
        Line Input #Number,s
        Text1. Text=Text1.Text+[10]+Chr(13)+Chr(10)
    Loop
    Close Number
End Sub
```

【答案】

[9] Number   [10] s

【分析】

本题比较简单,考查的就是 Visual Basic 中顺序文件的程序设计方法。[9] 处所在的语句是表示当文件没有结束时,就一直循环执行。按照规则,此处 EOF 函数的参数应该为文件号。[10] 处就是实现将文件中的内容(多行文本)显示在文本框中,先通过 Line Input 语句将文件内容逐行读出放入变量 s 中,然后将 s 的值显示到文本框中,故此处应该填 s。

11.2 2010 年 3 月笔试真题

(注意:本题目不包括公共基础知识部分)

1. 选择题

(1) 在 Visual Basic 集成环境中要结束一个正在运行的工程,可单击工具栏上的一个按钮,这个按钮是

    A. ↷   B. ▶   C. ▧   D. ■

【答案】

D

【分析】

选项 A 按钮为"重复"按钮,是"撤销"按钮的逆操作;选项 B 按钮为"启动"按钮,用来启动工程;选项 C 按钮为"添加 Standard EXE 工程"按钮;而选项 D 就是"结束"按钮,用来结束一个正在运行的工程。

(2) 设 x 是整型变量,与函数 IIf(x>0,-x,x)有相同结果的代数式是

    A. |x| B. −|x| C. x   D. −x

【答案】

B

【分析】

将题目中的 IIf 函数转化为 If 语句即是

```
If x>0 then
    结果=-x
Else
    结果=x
End If
```

通过分析语句可知,题目中函数结果就是-|x|。

(3) 设窗体文件中有下面的事件过程:

```
Private Sub Command1_Click()
Dim s
a%=100
Print a
End Sub
```

其中变量 a 和 s 的数据类型分别是

A. 整型,整型　　　　B. 变体型,变体型　　C. 整型,变体型　　D. 变体型,整型

【答案】

C

【分析】

程序中变量 a 没有采用声明语句进行声明,但是在赋值时变量 a 后添加了整型的类型符%,所以 a 为整型变量;变量 s 使用 Dim 语句进行声明时,没有指定数据类型,s 默认为变体型变量。

(4) 下面肯定不是框架控件属性的是

A. Text　　　　　　　B. Caption　　　　　C. Left　　　　　　D. Enabled

【答案】

A

【分析】

通过查询框架控件的属性表可知,框架控件没有 Text 属性。

(5) 下面不能在信息框中输出"VB"的是

A. MsgBox "VB"　　　　　　　　　　B. x=MsgBox("VB")

C. MsgBox("VB")　　　　　　　　　　D. Call MsgBox "VB"

【答案】

D

【分析】

MsgBox 有函数与过程两种形式,选项 A 是其正确的过程形式,选项 B、C 是正确的函数形式,而选项 D 是想采用 call 语句调用 MsgBox 的函数形式,正确形式应为 Call MsgBox("VB"),而选项 D 没有括号,所以是错误的。

(6) 窗体上有一个名称为 Option1 的单选按钮数组,程序运行时,当单击某个单选按钮时,会调用下面的事件过程:

```
Private Sub Option1_Click(Index As Integer)
```

...

End Sub

下面关于此过程的参数 Index 的叙述中正确的是

A. Index 为 1 表示单选按钮被选中,为 0 表示未选中

B. Index 的值可正可负

C. Index 的值用来区分哪个单选按钮被选中

D. Index 表示数组中单选按钮的数量

【答案】

C

【分析】

控件数组相对应的过程中,参数 Index 为数组的下标,即代表控件数组的元素:如为 0 表示第一个元素被选中,1 为第二个元素被选中……而在本题中数组的元素就是单选按钮,所以选项 C 为正确答案。

(7) 设窗体中有一个文本框 Text1,若在程序中执行了 Text1. SetFocus,则触发

A. Text1 的 SetFocus 事件　　　　B. Text1 的 GotFocus 事件

C. Text1 的 LostFocus 事件　　　　D. 窗体的 GotFocus 事件

【答案】

B

【分析】

文本框 Text 有 SetFocus 方法和 GotFocus、LostFocus 两个事件过程。执行 SetFocus 方法后文本框获得焦点,触发 GotFocus 事件,失去焦点时触发 LostFocus 事件。

(8) VB 中有三个键盘事件:KeyPress、KeyDown、KeyUp,若光标在 Text1 文本框中,则每输入一个字母

A. 这三个事件都会触发　　　　B. 只触发 KeyPress 事件

C. 只触发 KeyDown、KeyUp 事件　　　　D. 不触发其中任何一个事件

【答案】

A

【分析】

当按下键盘上任一键不松开时,触发 KeyDown 事件;松开时,触发 KeyUp 事件;同时触发 KeyPress 事件,也就是说 KeyPress 事件需要通过一个完整的按下松开过程来触发。所以,当按下一个字母键输入字母时,这三个事件过程都会触发。

(9) 下面关于标准模块的叙述中错误的是

A. 标准模块中可以声明全局变量

B. 标准模块中可以包含一个 Sub Main 过程,但此过程不能被设置为启动过程

C. 标准模块中可以包含一些 Public 过程

D. 一个工程中可以含有多个标准模块

【答案】

B

选项 A、C、D 都是标准模块文件(扩展名为.bas)的性质。VB 工程可以有两种启动方式:一种是通过某窗体启动;一种是通过 Sub Main 过程启动,而这个过程是存放在标准模块文件中的,所以选项 B 的叙述是错误的。

(10) 设窗体的名称为 Form1,标题为 Win,则窗体的 MouseDown 事件过程的过程名是

A. Form1_MouseDown　　　　　　B. Win_MouseDown

C. Form_MouseDown　　　　　　　D. MouseDown_Form1

【答案】

C

【分析】

与其他控件不同,窗体的事件过程的前缀永远为 Form,不随窗体的名称或标题的改变而改变。

(11) 下面正确使用动态数组的是

A. Dim arr() As Integer　　　　　　B. Dim arr() As Integer

　　...　　　　　　　　　　　　　　　　　...

　　ReDim arr(3,5)　　　　　　　　　　ReDim arr(50)As String

C. Dim arr()　　　　　　　　　　　　D. Dim arr(50) As Integer

　　...　　　　　　　　　　　　　　　　　...

　　ReDim arr(50) As Integer　　　　　ReDim arr(20)

【答案】

A

【分析】

动态数组声明时语句形式为:

Dim 数组名()as 数据类型

在程序中用 ReDim 语句动态分配元素个数,语句形式为:

ReDim 数组名(下标 1[,下标 2…])

也就是说,在声明时不能指定数组大小,但必须指定数据类型;在使用时利用 ReDim 语句指定数组大小,但不能指定数据类型。

(12) 下面是求最大公约数的函数的首部

```
Function gcd(ByVal x As Integer,ByVal y As Integer) As Integer
```

若要输出 8、12、16 这三个数的最大公约数,下面正确的语句是

A. Print gcd(8,12),gcd(12,16),gcd(16,8)

B. Print gcd(8,12,16)

C. Print gcd(8),gcd(12),gcd(16)

D. Print gcd(8,gcd(12,16))

【答案】

D

【分析】

找出三个数中最大公约数的方法是：先找出任意两个数的最大公约数，然后再找出这个公约数与第三个数的最大公约数。选项 A 根本不正确；选项 B、C 使用 gcd 函数错误，实参与形参的个数不符；选项 D 是正确的，使用函数嵌套，完成了相应的功能。

(13) 有下面的程序段，其功能是按图 11.6 所示的规律输出数据

```
Dim a(3,5)As Integer
For i=1 To 3
 For j=1 To 5
   A(i,j)=i+j
   Print a(i,j);
 Next
  Print
Next
```

若要按图 11.7 所示的规律继续输出数据，则接在上述程序段后面的程序段应该是

A. For i=1 To 5
    For j=1 To 3
      Print a(j,i);
    Next
    Print
  Next

B. For i=1 To 3
    For j=1 To 5
      Print a(j,i);
    Next
    Print
  Next

C. For j=1 To 5
    For i=1 To 3
      Print a(j,i);
    Next
    Print
  Next

D. For i=1 To 5
    For j=1 To 3
      Print a(i,j);
    Next
    Print
  Next

```
23456
34567
45678
```

图 11.6　选择题(13)中的图 1

```
234
345
456
567
678
```

图 11.7　选择题(13)中的图 2

【答案】

A

【分析】

a(3,5)是一个 3 行 5 列的二维数组，其每行每列对应的元素就是图 11.6 中所示。

图 11.7 就是对二维数组 a(3,5)进行行列转置后输出的结果,只有选项 A 是完成此功能的正确代码。

(14) 窗体上有一个 Text1 文本框,一个 Command1 命令按钮,并有以下程序

```
Private Sub Command1_Click()
    Dim n
    If Text1.Text<>"23456" Then
        n=n+1
        Print "口令输入错误" & n & "次"
    End If
End Sub
```

希望程序运行时得到图 11.8 所示的效果,即输入口令,单击"确认口令"按钮,若输入的口令不是 123456,则在窗体上显示输入错误口令的次数。但上面的程序实际显示的是图 11.9 所示的效果,程序需要修改。下面修改方案中正确的是

A. 在 Dim n 语句的下面添加一句 n=0

B. 把"Print"口令输入错误"& n &"次""改为"Print"口令输入错误"+n+"次""

C. 把"Print"口令输入错误" & n & "次""改为"Print"口令输入错误"& Str(n)&"次""

D. 把 Dim n 改为 Static n

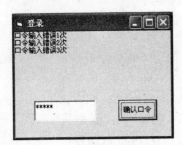

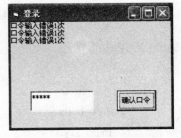

图 11.8　选择题(14)中的图 1　　　　图 11.9　选择题(14)中的图 2

【答案】

D

【分析】

本题考查的知识点是变量的作用域。题目中变量 n 是在 Command1_Click()的通用声明段中使用 Dim 语句声明的,那么 n 是一个局部变量,它的作用范围就是它所在的事件过程。当单击按钮后,变量 n 被声明,并默认赋初值 0,在事件过程中 n=n+1 语句使 n 变为 1,但程序运行到 End Sub 语句时,过程结束,变量 n 作用范围也结束,n 在内存中消失,那么 n 的值自然也不存在了。当下次再单击按钮,n 重新被声明,并默认赋初值为 0,重复以上过程,就会出现右图中的现象。为了解决这个问题,必须让 n 能够保存值,n 就不能为局部变量,最好的选择就是静态变量,静态变量可以在程序运行中保存变量的值。所以解决方法就是将 Dim n 改为 Static n。

(15) 要求当鼠标在图片框 P1 中移动时,立即在图片框中显示鼠标的位置坐标。下面能正确实现上述功能的事件过程是

A. Private Sub P1_MouseMove(Button AS Integer,Shift As Integer,X As Single,Y As Single)

  Print X,Y

End Sub

B. Private Sub P1_MouseDown(Button AS Integer,Shift As Integer,X As Single,Y As Single)

  Picture. Print X,Y

End Sub

C. Private Sub P1_MouseMove(Button AS Integer,Shift As Integer,X As Single,Y As Single)

  P1. Print X,Y

End Sub

D. Private Sub Form_MouseMove(Button AS Integer,Shift As Integer,X As Single,Y As Single)

  P1. Print X,Y

End Sub

【答案】

C

【分析】

本题考查的第一个知识点是图片框（Picture）的 Print 方法,该方法在使用时必须在前面加对象名称;考查的第二个知识点是事件过程中操作对象的确定,题目要求当鼠标在图片框 P1 中移动时,立即在图片框中显示鼠标的位置坐标。故我们的事件过程选择的操作对象应该为图片框 P1,所以事件过程应该为 P1_MouseMove。

(16) 计算 π 的近似值的一个公式是: $\frac{\pi}{4}=1-\frac{1}{3}+\frac{1}{5}-\frac{1}{7}+\cdots+(-1)^{n-1}\frac{1}{2n-1}$。

某人编写下面的程序,用此公式计算并输出 π 的近似值:

```
Private Sub Comand1_Click()
    PI=1
    Sign=1
    n=20000
    For k=3 To n
        Sign=-Sign
        PI=PI+Sign/k
    Next k
    Print PI * 4
End Sub
```

运行后发现结果为 3.22751,显然,程序需要修改。下面修改方案中正确的是

A. 把 For k=3 To n 改为 For k=1 To n

B. 把 n=20 000 改为 n=20 000 000

C. 把 For k=3 To n 改为 For k=3 To n Step 2

D. 把 PI＝1 改为 PI＝0

【答案】

C

【分析】

这是一道代码改错，按照题目中代码算出的应为 $1-1/3+1/4-1/5+\cdots$，问题出在循环变量步长的选择上，按公式要求，循环变量的步长为 2,而题目代码中循环变量的步长为 1,更改一下步长就可以完成所要求的功能。

(17) 下面程序计算并输出的是

```
Private Sub Comand1_Click()
a=10
s=0
Do
s=s+a*a*a
a=a-1
Loop Until a<=0
Print s
End Sub
```

A. $1^3+2^3+3^3+\cdots+10^3$ 的值　　B. $10!+\cdots+3!+2!+1!$的值

C. $(1+2+3+\cdots+10)^3$ 的值　　D. 10 个 10^3 的和

【答案】

A

【分析】

本题考查的是对代码的阅读理解能力,要求能够通过阅读代码,理解代码所要完成的功能。阅读代码时不能只局限于一词一句,应该从整体上把握,透过表面看透本质,这要求加强相关的训练。

(18) 若在窗体模块的声明部分声明了如下自定义类型和数组:

```
Private Type rec
    Code As Integer
    Caption As String
End Type
Dim arr(5)As rec
```

则下面的输出语句中正确的是

A. Print arr. Code(2),arr. Caption(2)　　B. Print arr. Code,arr. Caption

C. Print arr(2). Code,arr(2). Caption　　D. Print Code(2),Caption(2)

【答案】

C

【分析】

本题考查的知识点是自定义类型数组的使用,掌握定义就可以正确解答此题。

(19) 设窗体上有一个通用对话框控件 CD1,希望在执行下面程序时,打开如图 11.10 所示的文件对话框。

```
Private Sub Comand1_Click()
    CD1.DialogTitle="打开文件"
    CD1.InitDir="C:\"
    CD1.Filter="所有文件|*.*|Word文档|*.doc|文本文件|*.Txt"
    CD1.FileName=""
    CD1.Action=1
    If CD1.FileName=""Then
        Print"未打开文件"
    Else
        Print"要打开文件"& CD1.FileName
    End If
End Sub
```

图 11.10   选择题(19)中的图

但实际显示的对话框中列出了 C:\ 下的所有文件和文件夹,"文件类型"下拉列表框中显示的是"所有文件"。下面的修改方案中正确的是

A. 把 CD1.Action=1 改为 CD1.Action=2

B. 把"CD1.Filter="后面字符串中的"所有文件"改为"文本文件"

C. 在语句 CD1.Action=1 的前面添加 CD1.FilterIndex=3

D. 把 CD1.FileName="" 改为 CD1.FileName="文本文件"

【答案】

C

【分析】

题目中原有代码没有完成指定功能是因为代码中没有指定过滤器索引属性 FilterIndex,FilterIndex 属性默认值为 1,所以使对话框列出过滤器的第一项"所有文件 |*.*"。为了解决此问题,只需要将 FilterIndex 更改为 3 即可。

（20）下面程序运行时，若输入 395，则输出结果是

```
Private Sub Comand1_Click()
    Dim x%
    x=InputBox("请输入一个 3 位整数")
    Print x Mod 10,x\100,(x Mod 100)\10
End Sub
```

    A. 3 9 5   B. 5 3 9   C. 5 9 3   D. 3 5 9

【答案】

B

【分析】

本题较简单，最后输出的三个数按顺序分别为 x 的个位数、百位数、十位数。

（21）窗体上有 List1、List2 两个列表框，List1 中有若干列表项（见图 11.11），并有下面的程序：

```
Private Sub Comand1_Click()
    For k=List1.ListCount-1 To 0 Step-1
      If List1.Selected(k)Then
        List2.AddItem List1.List(k)
        List1.RemoveItem k
      End If
    Next k
End Sub
```

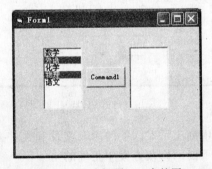

图 11.11　选择题（21）中的图

程序运行时，按照图示在 List1 中选中两个列表项，然后单击 Command1 命令按钮，则产生的结果是

    A. 在 List2 中插入了"外语"、"物理"两项

    B. 在 List1 中删除了"外语"、"物理"两项

    C. 同时产生（A）和（B）的结果

    D. 把 List1 中最后一个列表项删除并插入到 List2 中

【答案】

C

【分析】

本题考查的是列表框(List)的应用,重点考查列表框的 Selected 属性、AddItem 方法、RemoveItem 方法。通过代码可以看出,本题完成的功能是将 List1 选中的项目插入到 List2 中并将其从 List1 中删除。故正确答案是 C。

(22) 设工程中有两个窗体 Form1 和 Form2,Form1 为启动窗体,Form2 中有菜单,其结构如表所示。要求在程序运行时,在 Form1 的文本框 Text1 中输入口令并按 Enter 键(Enter 键的 ASCII 码为 13)后,隐藏 Form1,显示 Form2。若口令为"Teacher",所有菜单项都可见;否则看不到"成绩录入"菜单项。为此,某人在 Form1 窗体文件中编写如下程序:

```
Private Sub Text1_KeyPress(KeyAscii As Integer)
    If KeyAscii=13 Then
        If Text1.Text="Teacher" Then
            Form2.input.visible=True
        Else
            Form2.input.visible=False
        End If
    End If
    Form1.Hide
    Form2.Show
End Sub
```

表菜单结构

标题	名称	级别	标题	名称	级别
成绩管理	mark	1	成绩录入	input	3
成绩查询	query	2			

程序运行时发现刚输入口令时就隐藏了 Form1,显示了 Form2,程序需要修改。下面修改方案中正确的是

    A. 把 Form1 中 Text1 文本框及相关程序放到 Form2 窗体中

    B. 把 Form1. Hide 和 Form2. Show 两行移到两个 End If 之间

    C. 把 If KeyAscii=13 Then 改为 If KeyAscii="Teaeher" Then

    D. 把两个 Form2. input. Visible 中的 Form2 删去

【答案】

B

【分析】

题目的要求是在 Form1 的文本框 Text1 中输入口令并按 Enter 键后,隐藏 Form1,显示 Form2。而题目中 Form1. Hide 与 Form2. Show 这两条语句位置不正确,无论按键是否为 Enter 键都执行这两条语句。需要将这两条语句移动到 if 语句结构中就可以完成功能。

(23) 某人编写了下面的程序,希望能把 Text1 文本框中的内容写到 out. txt 文件中。

```
Private Sub Comand1_Click()
    Open "out.txt" For Output As #2
```

```
    Print "Text1"
    Close #2
End Sub
```

调试时发现没有达到目的,为实现上述目的,应做的修改是

A. 把 Print "Text1"改为 Print #2,Text1

B. 把 Print "Text1"改为 Print Text1

C. 把 Print "Text1"改为 Write "Text1"

D. 把所有 #2 改为 #1

【答案】

A

【分析】

本题考查的是 VB 中文件的应用。顺序文件的输出语句 Print 的形式为:

Print #文件号,[输出列表]

只有选项 A 符合语法形式。还有一个问题是 Print 语句后"Text1"和 Text1 的区别,一定要区分输出字符串和输出变量内容的不同,这也是初学者最容易出现的错误。

(24) 窗体上有一个名为 Command1 的命令按钮,并有下面的程序:

```
Private Sub Comand1_Click()
    Dim arr(5)As Integer
    For k=1 To 5
        arr(k)=k
    Next k
    prog arr()
    For k=1 To 5
        Print arr(k)
    Next k
End Sub
Sub prog(a()As Integer)
    n=Ubound(a)
    For i=n To 2 step-1
        For j=1 To n-1
            if a(j)
            t=a(j):a(j)=a(j+1):a(j+1)=t
            End If
        Next j
    Next i
End Sub
```

程序运行时,单击命令按钮后显示的是

A. 12345   B. 54321   C. 01234   D. 43210

B

【分析】

本题也是一道阅读程序题，主要考查的是对基本算法的熟悉程度。题目中的 prog 过程主要完成的功能是对一个数组元素进行降序排序。必须对排序算法比较熟悉才能快速做出题目。

(25) 下面程序运行时，若输入"Visual Basic Programming"，则在窗体上输出的是

```
Private Sub Command1_Click()
    Dim count(25)As Integer,ch As String
    ch=Ucase(InputBox("请输入字母字符串"))
    For k=1 To Len(ch)
        n=Asc(Mid(ch,k,1))-Asc("A")
        If n>=0 Then
            Count(n)=Count(n)+1
        End If
    Next k
    m=count(0)
    For k=1 To 25
        If m<count(k)then
            m=count(k)
        End If
    Next k
    Print m
End Sub
```

　　A. 0　　　　　　　　B. 1　　　　　　　　C. 2　　　　　　　　D. 3

【答案】

D

【分析】

这道程序阅读题相对以上的几道同类型题目较难。代码主要完成的功能是：首先从键盘输入字符串，并将其转换为大写字母；然后利用第一个 For 循环将字符串中所有字母进行计数，并分别将字母 A～Z 的个数放入 count 数组下标为 0～25 的元素中；最后利用第二个 For 循环将 count 数组中最大的元素找出，也就是将字符串中出现次数最多的字母的出现次数输出。该题目的字符串中出现次数最多的字母是 A 与 I,出现的次数是 3,所以正确答案是 D。

2. 填空题

(1) 为了使复选框禁用(即呈现灰色),应把它的 value 属性设置为[1]。

【答案】

[1] 2

【分析】

复选框的 value 属性有三种值:

0——未被选定,默认值

1——被选定

2——灰色

(2) 在窗体上画一个标签、一个计时器和一个命令按钮,其名称分别为 Labl1、Timer1 和 Command1,如图 11.12 所示。程序运行后,如果单击命令按钮,则标签开始闪烁,每秒钟"欢迎"二字显示、消失各一次,如图 11.13 所示。以下是实现上述功能的程序,请填空。

```
Private Sub Form_Load()
    Label1.Caption="欢迎"
    Timer1.Enabled=False
    Timer1.Interval=[2]
End Sub
Private Sub Timer1_Timer()
    Label1.Visible=[3]
End Sub
Private Sub command1_Click()
    [4]
End Sub
```

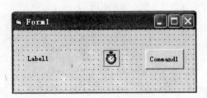

图 11.12　填空题(2)中的图 1

图 11.13　填空题(2)中的图 2

【答案】

[2] 500　　[3] Not Label1. Visible　　[4] Timer1. Enabled＝True

【分析】

题目要求每秒钟"欢迎"二字显示、消失各一次,通过分析在[2]处应该填写计时器的时间间隔,也就是半秒钟,即 500 毫秒;[3]处填写的语句就是实现文字的闪烁,通过 Visible 属性的设置实现;[4]处就是计时器的开关,通过修改计时器的 Enabled 属性,开始闪烁。

(3) 有如下程序:

```
Private Sub Form_Click()
    n=10
    i=0
    Do
        i=i+n
        n=n-2
```

```
    Loop While n>2
    Print i
End Sub
```

程序运行后,单击窗体,输出结果为[5]。

【答案】

[5] 28

【分析】

这道阅读程序题的重点在对 Do…Loop While 循环的掌握,如果基础知识扎实,得到结果是不困难的。

(4) 在窗体上画一个名称为 Command1 的命令按钮,然后编写如下程序:

```
Option Base 1
Private Sub Command1_Click()
    Dim a(10)As Integer
    For i=1 To 10
        a(i)=i
    Next
    Call swap([6])
    For i=1 To 10
        Print a(i);
    Next
End Sub
Sub swap(b()As Integer)
    n=Ubound(b)
    For i=1 To n/2
        t=b(i)
        b(i)=b(n)
        b(n)=t
        [7]
    Next
End Sub
```

上述程序的功能是通过调用过程 swap,调换数组中数值的存放位置,即 a(1)与 a(10)的值互换,a(2)与 a(9)的值互换……请填空。

【答案】

[6] a() [7] n=n-1

【分析】

在题目中[6]处考查的是数组参数,当数组作为过程的参数时应该写成“数组名()”这样的形式;[7]处是在 Swap 过程中实现数组元素的交换时控制数组下标变化。

(5) 在窗体上画一个文本框,其名称为 Text1,在属性窗口中把该文本框的 MultiLine 属性设置为 True,然后编写如下的事件过程:

```
Private Sub Form_Click()
```

```
        Open "d:\test\smtext1.Txt" For Input As #1
        Do While Not[8]
            Line Input #1,aspect$
            Whole$=whole$+aspect$+Chr$ (13)+Chr$ (10)
        Loop
        Text1.Text=whole$
        [9]
        Open "d:\test\smtext2.Txt" For Output As #1
        Print #1,[10]
        Close #1
    End Sub
```

运行程序,单击窗体,将把磁盘文件 smtext1.txt 的内容读到内存并在文本框中显示出来,然后把该文本框中的内容存入磁盘文件 smtext2.txt。请填空。

【答案】

[8] EOF(1)　[9] Close #1　[10] Text1. Text

【分析】

[8]处检测文件是否结束,如没有结束就继续将 smtext1.txt 文件中的内容读出;[9]处是将文件 smtext1.txt 关闭;[10]处是将文本框中的内容读出写到文件 mtext2.Txt 中去。

参 考 文 献

[1] 陈爱萍. Visual Basic 程序设计实验教程. 北京：清华大学出版社,2010.

[2] 王杰. Visual Basic 程序设计上机指导与习题解答. 北京：清华大学出版社,2009.

[3] 丁学钧. Visual Basic 语言程序设计教程与实验(第二版). 北京：清华大学出版社,2009.

[4] 訾秀玲. Visual Basic 程序设计习题与实验指导. 北京：清华大学出版社,2009.

[5] 蒋银珍. Visual Basic 程序设计学习与实验指导. 北京：清华大学出版社,2009.

[6] 范慧琳. Visual Basic 程序设计学习指导与上机实践. 北京：清华大学出版社,2009.

[7] 刘炳文. Visual Basic 程序设计教程题解与上机指导. 北京：清华大学出版社,2009.

[8] 丁志云. Visual Basic 程序设计实验指导书. 北京：电子工业出版社,2008.

[9] 龚沛曾. Visual Basic 程序设计实验指导与测试. 北京：高等教育出版社,2007.

[10] 刘炳文. Visual Basic 程序设计试题汇编. 北京：清华大学出版社,2004.

[11] 罗朝盛. Visual Basic 程序设计实验指导与习题. 北京：清华大学出版社,2004.

[12] 曹德胜. Visual Basic 上机实践指导教程. 北京：机械工业出版社,2003.

[13] 孟学多. Visual Basic 程序设计习题与实验指导. 浙江：浙江大学出版社,2003.

[14] 韩育. Visual Basic 程序设计实验指导与习题. 河北：河北大学出版社,2002.

高等学校计算机基础教育教材精选